High EQ Speaking

高情商
语言训练课

夏季 著

图书在版编目(CIP)数据

高情商语言训练课/夏季著. —北京：中国致公出版社，2017

ISBN 978-7-5145-1137-6

Ⅰ. ①高… Ⅱ. ①夏… Ⅲ. ①情商—通俗读物 Ⅳ. ① B842.6-49

中国版本图书馆 CIP 数据核字 (2017) 第 281464 号

高情商语言训练课
夏季　著

责任编辑：何江鸿　周　炜
责任印制：岳　珍

出版发行：	中国致公出版社
地　　址：	北京市海淀区翠微路 2 号院科贸楼
邮　　编：	100036
电　　话：	010-85869872（发行部）
经　　销：	全国新华书店
印　　刷：	北京兰星球彩色印刷有限公司
开　　本：	787 毫米 ×1092 毫米　1/16
印　　张：	16
字　　数：	180 千字
版　　次：	2018 年 1 月第 1 版　2018 年 3 月第 2 次印刷
定　　价：	39.80 元

版权所有，未经书面许可，不得转载、复制、翻印，违者必究。

序言 Foreword

情商高的人，就是会说话

有的人说话，总能说到人的心坎上，哪怕是拒绝，都能说得悦耳动听；而有的人说话，却总能招人怨怼，就是施恩，也能说得好像要结仇一般。可见，说话这件事，有时候真的能改变人生际遇。

就如富兰克林说的那样："说话和事业的进行有很大的关系，你出言不慎，跟别人争辩，那么，你将不可能获得别人的同情、别人的合作、别人的帮助。"除了事业之外，这一点带入到恋爱、婚姻、生活、人际交往等等中也同样是成立的。很多时候，你所试图达成的目的往往正是在谈话中获得效果的。

人与人建立关系最直观的桥梁就是语言，在完成沟通、建立关系、发展关系的这一过程里，说话起到了关键性的作用。能够把控说话技巧，往往会让你更容易掌控局面，把握大局，否则很可能会变得处处受制，寸步难行。

有的人对研究语言的表达方式总是甚为不屑，觉得这是一种"虚伪"的表现。这种人往往都非常"直爽"，说话从不考虑分寸和场合，常常是心里怎么想，嘴上就怎么说，只要说得自己感觉舒爽就行了，殊不知，这种完全不考虑他人心情和立场的"直爽"，说到底不过是缺乏教养、自私自利的表现罢了，不仅容易伤害到别人，也容易为自己招致一些不必要的麻烦。

不会说话真的是件非常可怕的事情。简单的事情可能被越说越复杂，分享快乐被当作是炫耀成就，苦口婆心被当成烦人的唠叨，心肠比谁都好却偏偏长着伤人的"刀子嘴"……这些其实都是情商低的表现。一个人会不会说话，主要正是取决于这个人的情商。

有的人总喜欢把"我天生就不太会说话"挂在嘴边，以此来为自己的"直爽"开脱。但实际上，人与人之间的情商其实并没有明显的先天差别，更多是与后天的培养息息相关的，也就是说，没有谁是"天生"就不会说话、不懂说话的，重要的是你想不想好好说话，你在开口说话之前是否能设身处地地站在别人的立场上为对方考虑。

说话可以成为一种技术，一种在实际生活中极为有用的技术，说话时的措辞，往往能直接对事件的进行产生直接而有效的影响。比如举个实际生活中的例子：

当你试图邀约某人共进晚餐的时候，你可能会询问对方："周六有空和我一起共进晚餐吗？"这个问题，答案很难预料，一半可能是"yes"，一半可能是"no"。

但假如换一种措辞，这样询问对方："有家意大利餐厅非常不错，现在可以预定周五和周六的位子，你哪一天有空赏脸和我一起去共进晚餐啊？"面对这个问题，对方通常会很自然地给出"周五"或者"周六"的答案，不管给出的是哪一个答案，你的邀约都成功了。

人的意愿是很容易受说话的措辞所影响的，当你询问对方"是"或"否"的时候，你给对方的是两种选择，这两种选择里，成功的概率只有一半。但如果调换一下措辞，直接跳过"是"与"否"这个问题，而是直接在"是"的前提下，给予对方选择，那么按照思维的惯性，对方往往都会顺势做出选择，但不管选择什么，显然你的目的都达到了。

可见，说话其实就像做菜一样，是有技巧可循的，只要掌握菜谱，任何人其实都能做出美味佳肴。而本书写作的目的，正是希望能为读者提供一份"菜谱"，帮助读者在修炼情商的同时提升说话技巧，烹出说话的"美味佳肴"。

目 录 Contents

第一章 情商决定"言值":情商高的人,说话就是那么好听

情商高的人,说话就是那么好听 / 001

"言值"时代,拼的就是情商 / 002

大部分的名人,并不是赢在智商上 / 004

做事靠智商,说话靠情商 / 006

情商决定"言值","言值"决定命运 / 008

修炼情商,提升"言值" / 010

堵死聊天,也就堵死了路 / 012

语言的掌控力 / 014

嘴甜的人不吃亏 / 016

多说好话,至少人人都爱听 / 018

第二章 情商的里子:情商修炼,从认识自我开始

情商修炼,从认识自我开始 / 021

不敢正视自己的缺点,就是在欺骗自己 / 022

没必要去迎合别人的期待 / 026

失败面前,与其苛责不如反省 / 028

要记得为自己喝彩 / 030

懂得接受并享受别人的善意 / 032

控制力:高情商的核心力量 / 034

第三章 "正"心态"养"情商：自我克制，是一种修养

自我克制，是一种修养 / 037

只有弱者才喜欢自欺欺人 / 038

愤怒——最具摧毁性的"凶器" / 040

静心静思，别让"冲动"毁了你 / 042

学会倾听也是高情商的一种体现 / 044

先学会低头，未来才能高人一筹 / 046

调整心态，人言并不可畏 / 048

纠结于痛苦的事情，那这事永远没完 / 051

情商高，责备也是一种温柔 / 053

张嘴前，先把"不对"改成"对" / 055

第四章 魅力＝高情商＋会说话：魅力与影响力总是成正比

魅力与影响力总是成正比 / 057

微笑是深藏心底的暖流 / 058

保持适当的空间，才是最亲密的距离 / 060

学会倾听也是高情商的一种体现 / 062

太阳同样有黑子，放过别人的缺点 / 064

情商高就是在适当的时候说适当的话 / 067

诚信是人的一张脸，写着品德和操行 / 069

不要忽视身体语言的魅力 / 071

第五章 察言观色的情商修炼：看得透，才能掌控话语权

看得透，才能掌控话语权 / 073

察言观色，洞悉表情背后的真意 / 074

口头语能反映一个人的个性 / 077

声调，帮你揭开情绪和性格的帷幕 / 079

坐姿也能暴露有效的信息 / 081

识别情绪表情，做善解人意的谈话对象 / 083

看"腿"识人，性格就藏在坐姿里 / 086

提防那些喜欢指手画脚的人 / 088

洞察人心，找准对方的关注点 / 090

读懂暗示，才能明白怎么说话 / 093

第六章 语言的情绪和"温度"：提升快乐情商，把话说得更好听

提升快乐情商，把话说得更好听 / 095

好的话语，可以为心灵加温 / 096

拥有积极的心态，才能说出温暖的话 / 098

快乐是情绪，更是情商 / 100

抱怨是种传染病，让生活越来越乏味 / 102

善意的谎言，温馨的世界 / 105

小幽默，自我与他人的糖果 / 107

对明天忐忑不安，只会让今天失去快乐 / 109

真正给我们带来快乐的是智慧，不是知识 / 111

第七章 交际就是"会聊天"：交际情商，决定你的受欢迎程度

　　交际情商，决定你的受欢迎程度 / 115

　　会说话，才能"一见如故" / 116

　　说话会转弯，错误间接提 / 118

　　想让别人认真听，你得先认真说 / 121

　　自嘲的艺术 / 123

　　瘸子面前不说腿短，东施面前不言面丑 / 125

　　"留白"也是一种交谈话术 / 127

　　说话，有时也要"难得糊涂" / 130

　　赞美，最实用的"嘴上功夫" / 132

　　说服不是争吵，赢的对面依然能赢 / 134

　　可以抬高自己，但不能贬低别人 / 136

　　用幽默化解尴尬 / 137

第八章 "领导力"话术：三分能力，七分情商

　　三分能力，七分情商 / 141

　　领导，拼的就是情商 / 142

　　员工纠纷？高情商领导这样干…… / 144

　　没人喜欢命令式的语言 / 147

　　批评的学问和技巧 / 149

　　建议比命令更容易让人接受 / 151

　　开会得像女人的裙子，越短越好 / 153

　　谎言，有时恰恰是最有用的交际手段 / 156

　　重视团队情绪，妥善处理抱怨问题 / 158

　　解决摩擦之道——大局为先 / 160

　　激将法：骄傲员工的克星 / 163

第九章 混职场，学会说话很重要：让情商成为你的职场加油站

让情商成为你的职场加油站 / 165

忠诚应该时不时拿出来显摆一下 / 166

如何应对领导下达的错误命令 / 168

领导是拿来尊重的 / 170

学会在"底线"面前止步 / 172

做"刺儿头"？小心饭碗！ / 174

"拍马屁"是一种技术 / 176

不要自作聪明，有时候不妨"愚钝"一点儿 / 179

舍得分享，才能换来好人缘 / 180

及时处理矛盾，别让裂痕越来越大 / 182

缺乏尊重的"直爽"，那叫"没教养" / 185

第十章 沟通不良，小心"后院起火"：家庭情商，影响家庭和平的根源

家庭情商，影响家庭和平的根源 / 187

家庭要和谐，多说暖心话 / 188

套套近乎，让婆媳关系更近一些 / 190

恶毒的语言，犹如一把弯刀 / 192

把坏情绪关在屋外 / 194

拒绝唠叨，该闭嘴时要闭嘴 / 196

文明有礼，杜绝污言秽语 / 198

别用讽刺扼杀孩子的自信 / 200

鼓励，帮孩子摆脱懦弱的阴影 / 203

第十一章 恋爱与婚姻,都是"说"出来的:爱是情感,更是一种能力

"说"出来的爱,谁都爱听 / 206
好男人都是夸出来的 / 208
斗嘴斗出来的"打情骂俏" / 210
来点"醋",生活中不能缺少的"调味品" / 213
开口之前,先让自己冷静下来 / 215
撒娇,女人对付男人的杀手锏 / 217
培养感情,从说话开始 / 219
和女人说话,得让思维"拐个弯" / 222

第十二章 展现高情商的"实用话术":话,就得这么说才好听

话,就得这么说才好听 / 225
说服的话——攻心才是硬道理 / 226
禁忌的话——失意人面前莫说得意之话 / 228
求人的话——情感利益双辅助 / 230
反驳的话——晓之以理,更要动之以情 / 232
幽默的话——娱人娱己,化解尴尬 / 234
尴尬的话——灵活变通巧回答 / 236
玩笑的话——为的是让人开心而不是生气 / 238
拒绝的话——谢绝永远比回绝更礼貌 / 240
扬的话——恰到好处,还要适可而止 / 242

第一章 情商决定"言值"：
情商高的人，说话就是那么好听

一个人会不会说话，与他的情商是直接挂钩的。情商高的人懂得在什么场合该说什么话，对待什么人该怎么说话，哪怕是拒绝的言辞，往往也能说到对方的心坎里，让对方欣然接受的同时甚至依然心存感激。这不仅是一门技巧，更是为人处世的智慧。

"言值"时代，拼的就是情商

这是一个讲求"言值"的时代。会说话的人，哪怕"颜值"有所欠缺，至少相处起来也是让人感到舒服的；相反，一个人即便"颜值"再高，如果总是口出恶言，说话让人不舒服，那么恐怕也没有多少人可以忍受。

而"言值"往往是由情商所决定的，很多人说话不中听，不是因为他们脑子不好使，而是因为无法控制自己的情绪，尤其是在面对挑衅的时候。

黄渤是演艺圈里出了名的"颜值"不够、情商来凑的魅力演员。众所周知，单看脸，黄渤在一众帅气逼人的"小鲜肉"中实在是不够看，但他幽默风趣、高情商的魅力却绝对是无人能敌的。

一次，一个长相帅气的主持人采访黄渤的时候，咄咄逼人地问了这样一个问题："马云说，男人的相貌与才华是成反比的，关于这一点，你怎么看？"

这个问题显然并不是那么友好，甚至带有一些挑衅的成分在。但黄渤并没有感到难堪或者生气，而是平静又绝妙地反击道："我相信这句话一定也一直激励着你吧？"

长相帅气的主持人顿时哑口无言。

黄渤的机智实在令人折服，在面对这种带有挑衅的问题时，不管他是愤怒地出口斥责主持人，还是忍气吞声地避开这个问题，显然都落了下风。黄渤最妙就妙在他既没有愤怒，也没有难堪，而是聪明地用主持人自己说的话巧妙地反击了他。

既然你逼我承认自己没"言值"，那我就反过来逼你承认自己没有才华好了——妙哉！

情商又被称为"EQ"，直译过来就是情绪智慧。不管在任何一个领域，情商高的人往往都比情商低的人要具备明显优势，因为他们更懂得如何控制自己的情绪，以及处理好各方各面的人际关系。

在这个时代，不管做什么事情，都讲究团结协作。个人的力量终究是有限的，单打独斗的"独行侠"所能发挥的作用和价值也都是有限的，想要取得更高的成就与突破，你就必须学会借助他人的力量。要知道，所谓团结协作并不只是简单的"1+1=2"，一个能够相互取长补短的团队，其能力的总和是远远高于团队成员个人能力之和的。

人与人之间的交往通常都是"成也沟通，败也沟通"，而沟通最直接简单也最普遍的方式就是说话，一句话可能让你赢得一个知己，一句话也可能就让你树立一个敌人，可见，说话这件事，看似简单，但其能造成的影响和结果却并不简单。

会说话的人，不管到哪里，都能迅速赢得别人的好感，哪怕不能因此获利，至少也能避免树敌。而不会说话的人，哪怕能力再强，摊上一张得罪人的"嘴"，便也只能不可避免地给自己招来不少麻烦和阻碍。

而人最容易说出不恰当话语的时候，通常都是被负面情绪所控制的时候。比如怒火中烧的时候，一心只想着反击，却忘记伤人的话语同样会害己；意志消沉的时候，一心只想着逃避，却忘记尖刻的言语寒了别人的心的同时却也冷了彼此的交情……可见，情绪控制在人际交往中是何其重要，而情绪的控制力正是情商的直接表现。

所以我们才说，这是一个拼"言值"的时代，你会不会说话，懂不懂说话，对你未来的发展与奋斗是有着重大影响的。而直接影响并决定"言值"高低的，正是你的情商。要知道，不管是在职场中，还是在生活里，情商的作用都贯穿于每一个角落。

大部分的名人，并不是赢在智商上

很多一事无成的人都很喜欢用智商来做借口，嘴上总是挂着这样或那样的抱怨：

"我天生不是做生意的料！"

"他那脑子就是好使，这都是天生的命！"

"要怪就怪我妈没生好，没给我那么高的智商。"

智商很大程度上来说是一个先天因素，人为努力对它的影响并不大，正因为如此，所以当失败者把自己的失败都归咎于智商差异的时候，他们就如同找到了一个完美无缺的借口和安慰一样，完全推脱了自己失败的责任。但事实上，在这个世界上，天才与白痴的数量是差不多的，大多数的人之间智商差异并不是很大，而古今中外，大部分的名人也都并不是赢在智商上。

曾国藩被誉为"千古完人",而这样的他实际上智商并不算高,甚至在小的时候还常常被别人耻笑为"愚蠢之辈"。

据说在曾国藩年纪还小的时候,有一天晚上,他在家里点灯背书,一篇不到三百字的小文章,却怎么背都背不会。恰巧这个时候,一个贼人来偷东西,躲在了屋檐底下,想着等曾国藩睡着以后就潜入屋子里偷盗。可没想到的是,因为文章一直背不会,曾国藩一直都没睡。最后,这贼人实在受不了了,恼羞成怒地跳下房檐,大骂曾国藩:"就你这笨脑子,还读什么书!"还把那篇曾国藩苦背不会的文章一字不差背诵了一遍,然后扬长而去!

瞧,贼人的智商比"千古完人"还高呢!可是又如何呢?贼人依旧只能做个贼人,而曾国藩的成就,却在历史上留下了深刻的一笔,为他赢得了千古的赞誉。

可见,人的成就与智商未必就是成正比的。

在现实生活中,这样的情况我们并不陌生:明明在学校里是成绩优异的优等生,可是踏入社会之后却碌碌无为,甚至朝不保夕;明明在学校里成绩永远"吊车尾",可是踏入社会之后反而能混得风生水起,建功立业。虽然说成绩好的人智商未必一定有多高,但至少不会低于普通人,可见他们日后的成就与智商是没有直接关系的,真正决定了他们人生成败和生活状况的,正是情商。

无论在哪个行业,情商的影响都是不容小觑的。尤其是在今天这样的时代,不管你想做成什么事情,都不能只凭自己的力量去单打独斗,而是否能够顺利"借力",关键还在于人际关系的处理上,这些归根结底都是情商的体现。

古往今来，古今中外，那些能够青史留名取得伟大成就的人，未必一定都是高情商的人，但至少可以确定的是，在这些名人中，情商高，懂得处理事务关系的人一定比那些高智商低情商的不合群者过得好，过得顺当。

如果说一个人的智商是天赐的"礼物"，我们无法自主选择，那么情商就是掌握在我们手中的决胜关键。因为情商是可以通过学习来加以改善的，也就是说，只要你想，你就可以通过自己后天的努力来提升情商，让它成为帮助你开辟前路，走向成功的"利器"。

做事靠智商，说话靠情商

一个人想要成功，除了会做事之外，还得会处理人际关系，而处理人际关系，关键还在于会不会说话。

做事靠的是智商，得会动脑子，找到方法和窍门，这样才能事半功倍。而说话则要靠情商，懂得看人下菜碟，懂得把话说到对方心坎里，让对方欣然接受你的意见，这样才能把人际关系处理好，减少在达成目的前的阻力。

同样的产品，有的人好说歹说都推销不出去，有的人却能凭借三寸不烂之舌实现百万销售；大同小异的策划案，有的人提了被泼一脸冷水，有的人提了却能获得上司赏识，从此平步青云；同样意义的话，有的人说了只会招人厌恶，有的人说了却能收获别人的感恩戴德……归根结底，造成这样差异的，说到底还是在于你懂不懂说话，会不会措辞。

语言是非常神奇的，即便是同一个意思，换一种表达方式，带给别人的感受就可以完全不同。

比如你想让别人扫地,你可以对他说:"快把地扫一扫!"或者对他说:"麻烦你,请把地扫一扫好吗?"同样是要求对方扫地,但第一种说法无疑是一种命令,而第二种说法显然就要温和有礼的多,更类似于一种请求。虽然两种说法传递的都是同一个信息,但不同的表达方式给对方带来的感受却是完全不同的。

一句话,可以亲和人心,也可以远了人心。一句话,可以帮你赢得别人的好感,让你所做的一切事半功倍,但也可以让你失了人心,所做的一切也大打折扣。

林洋是业内小有名气的设计师,自己创业开了一间设计公司。一次参加活动的时候,林洋带了一个年轻的女员工过来,打算给她机会学习学习,历练历练,以便将来能独当一面。

在上菜之前,大家坐在一起交流创业心得,女员工见插不上话,就开始自己低头玩手机。林洋看到后很不高兴,当众斥责女员工:"你是来玩手机的吗?要玩出去玩!"

听到林洋毫不留情的斥责,女员工眼圈倏地就红了,讪讪地把手机收了起来。

这次活动结束之后不久,听说那位女员工就主动提出了辞职。

其实,这原本是件好事,林洋的本意也是想栽培这名女员工,但不恰当的沟通方式却直接把好事变成了坏事。试想一下,如果当时林洋能够换一种方式去提醒女员工,比如给她发条微信,提醒她认真倾听大家的谈话,可以学到更多的东西;或者私下把她叫出去,不要当着众人的面批评。甚至哪怕在活动结束之后,林洋能主动和女员工谈一谈,教导她一些职场的社交规则,告诉她究竟哪里做错了,那么相信事情一定会有一个截然不同的结果。

要知道,我们和对方说话,目的是为了沟通,为了让对方接受我们的某些意见和观点,而不是为了引起一场争吵,或引发一场战斗。既然如此,那么为什么不用更容易让对方接受的方式去说话,来达成最终的目的呢?

很多时候,明明你占了理,却可能因为说话沟通的方式让别人难以接受,最后却反而沦为过错方。所以,别小看一句话的事,做事靠智商,说话还得靠情商,多多修炼,提升情商,做一个懂说话、会说话的人。

情商决定"言值","言值"决定命运

说话是人类最基本的技能之一,同时也是最核心的技能之一。

会说话的人,总能轻易地赢得别人的好感,哪怕只做一分,往往也能换来别人十分的谢意;而不会说话的人,即便做事很努力,付出很多,也常常得不到别人的好评,做了十分,或许只能收到一分的回报。既然说话是每个人都能学习的技能,为什么不想办法把说话变成一种助力,来帮助我们改变命运呢?

领导对下属们说:"注意了,今天晚上完不成工作,谁都别想下班!"

这是一种威慑,传递出的感觉是一种命令和压迫。

会说话的领导则会对下属们说:"大家加把劲,工作干完咱们就下班!"

这就变成了一种鼓励,虽然意思还是同一个:"不完成工作就不能下班。"但传递给下属们的心理感受却变得完全不同了。

售货员A对顾客说:"这鞋价钱真挺合适的,您少去大酒楼吃一顿,

其实也就买下了。"

售货员B对顾客说："这鞋不错，现在买下真合适，您就当去大酒楼吃了一顿好的。"

两句话含义一样，类比的方式也差不多，但显然售货员B说的话却要更顺耳一些，关键就在于，一个是暗示你把买鞋当作"少吃"一顿，一个则是暗示你把买鞋当成"多吃"了一顿。一个少，一个多，却能带给人截然不同的心理感受。

在历史上，因为一句话而改变命运的事例比比皆是。

清朝乾隆皇帝年间，在一次平定回部的战争中，定边左副将军兆惠立了大功，乾隆皇帝非常高兴，特意摆酒设宴给他庆功。在酒宴上，很多文臣都去给兆惠敬酒、拍马屁。其中一个官员在敬酒的时候，就歌功颂德地对兆惠赞叹了一句："但使龙城飞将在，不教胡马度阴山。"

众所周知，这两句诗赞誉的是汉朝的抗匈名将们，从意思上来说本来是没什么问题的。但用在这里就非常尴尬了，回部是"胡"，可这满人不也是"胡"吗？马屁一下子就拍到了马腿上，惹得乾隆勃然大怒。好在刚打了胜仗，这官员也才堪堪保住了一条命，至于日后的升迁之路，恐怕也是困难重重了。

可见，在某些时候，"言值"确实是可以决定命运的。一句话说得好，可能就让你打动了命中的贵人；一句话说得错，可能就让你前半生的努力灰飞烟灭。尤其是在越重要的场合，说话这事就越得仔细斟酌。

说话不仅仅是门技术，更是门艺术，值得我们钻研一生。会说话的人，即便是拒绝别人，批评别人，也能让对方笑着把话听进去；而不会说话的人，哪怕是好话，往往也能说得天怒人怨。就像那个马屁拍到马腿上的官员一样，明明是想夸人，说出的话却反而得罪了人，不仅目的没有达到，还无端给自己惹一身骚。

　　俗话说："一言以兴邦，一言以丧邦。"在人际交往中，说话所起到的作用是非常大的，一个人会不会说话，不仅体现了这个人的内在德行，也很大程度上决定了这个人在社交场上的人缘好坏。

修炼情商，提升"言值"

　　情商决定"言值"，要想提升"言值"，就得从修炼情商开始。

　　情商又被称为情绪能力，主要指的是人在情绪、情感、意志和耐受挫力等方面的品质。在日常生活中，每个人都会有被情绪影响的时候，积极的情绪让人激动兴奋，压抑的情绪使人低落烦躁，这些都是非常正常的。关键的问题在于，我们如何来应对这些情绪，以及如何处理、排解这些情绪。

　　中国人讲究含蓄美，因此大部分受传统文化影响的中国人都不习惯表露自己的情绪。但情绪其实就像洪水一般，只能疏不能堵，一味的压抑和克制只会让情绪在心中越压越多，最终一发不可收拾。

　　修炼情商，最关键的一点就在于情绪的控制和发泄。

　　情绪，尤其是很多消极情绪，往往都是来势汹汹的，根本不会给我们任何做准备的时间。这就要求我们要有情绪自制力，懂得克制情绪带来的冲动，尽可能隔绝情绪对我们的言行举止造成的影响。

　　成功控制住情绪之后，还得考虑情绪的疏导和排解。不良情绪给我们带来的压力和伤害是不容小觑的，在适当的时候，一定要懂得适度地释放心中堆积的情绪，以此来实现心灵的"减负"。

情绪就如同一枚硬币的两面，无论是积极的情绪还是消极的情绪，实际上都没有好坏之分，它是人类的一种天然属性，它存在的最大价值就在于帮助我们更好地认识自己，并对自我进行理性的反思。所以，无须为任何情绪的产生感到恐慌或羞恼，与其惧怕它，不如想办法战胜它、掌控它。

很多时候，在通往成功的道路上，我们最大的阻碍往往不是缺乏能力和缺少机会，而是缺乏对情绪的掌控力。控制不了愤怒，便可能让盟友望而却步；控制不了消沉与低落，便可能因萎靡不振而错失稍纵即逝的机遇。

下面几种方法可以帮助我们快速控制和调节情绪：

自我暗示法：当情绪比较激动时，不妨试着在心里对自己默念"冷静些""不能生气""不要发火"等词句，通过这种自我暗示的方式来调控情绪。平时也可针对自己在情绪控制方面的弱点，在每天看得到的地方，比如卧室的墙上，挂一些相关的条幅，比如"制怒"、"镇定"等。

愉快记忆法：当不良情绪来袭时，可以尝试在脑海中回忆一些好的经历，重温当时的愉快体验，以此来对抗突然产生的消极情绪，让自己能尽快地从萎靡不振中恢复精神。

环境转换法：很多激烈的不良情绪之所以会产生，必然存在一个触发的"开关"，可能是某个讨厌的人，或者是某种容易引发情绪的物品甚至环境等等，在这种激烈情绪被触发之后，不妨考虑暂且离开当时的环境或人物，先让自己的心情平复下来，之后再考虑其他事情。

幽默化解法：幽默绝对是对抗不良情绪的利器，在平时不妨多培养幽默感，学会用自嘲的方式进行自我开解，你会发现，很多难以接受的事情，其实也并不是那么可怕。

压抑升华法：之前说过，情绪控制最重要的一个环节是要懂得排解，不能一味压抑。尤其是当我们处于人生的低谷，并且一时之间无法脱离这种苦闷的时候，不妨考虑将精力投注在其他感兴趣的事情上，通过这种方式来转移自己的注意力，并改善自己的心境。

堵死聊天，也就堵死了路

在社会上混久了的人，都明白言语谨慎在社交活动中的重要性，然而大部分缺乏社会经验的年轻人却都对此嗤之以鼻，甚至觉得"语不惊人死不休"才是一种很酷的行为。这样的想法实际上是相当幼稚的，社交关系本身就错综复杂，浅表的交往通常也很难让我们快速判断出对方的实际情况和爱憎喜恶。在这样的情况之下，不谨慎的发言随时可能触犯到对方的逆鳞，引起对方的反感甚至厌恶。

所以，在社交活动中，与不同的人聊天，应当有不同的态度和方式。比如和朋友或家人聊天时，可以轻松随意一些，但如果是和同事或客户等有利益关系的人聊天，那么就必须做到谨言慎行，别让不中听的话把聊天堵死了，从而也堵住了成功的路。

当然，道理大家都明白，但在我们周围，也确实存在不少人，在聊天时特别喜欢争强好胜，热衷于一句话堵死人，仿佛这样就能显示出自身的优越感，证明自己高人一等。成为这样的"话题终结者"是非常可怕的，争得了一时的口舌之快，却往往堵死自己建立良好人际关系的路。

小江就是个典型的"话题终结者"，聊天习惯带"刺"，平时她和别人对话的"话风"通常是这个样子的：

同事："听说附近开了一家港式茶餐厅，一起去试试怎么样？"

小江："那有什么可吃的，真想吃港式茶餐厅，还得去市中心那家，就那家是正宗的！"

同事："最近特别火的那个韩剧你们看了吗？我昨天看了几集，男主角好帅啊！"

小江："脑残才看韩剧，你都多大的人了，浪费时间看那个，不如多看点有内涵有营养的书了。"

不少人都奉劝过小江，说话不要总是那么"冲"，可小江一直都不以为然，在她看来，自己能说会道，牙尖嘴利，别人说不过那是别人的事，她有什么义务非得去"让"着别人。

直到有一次，小江和同事在争论一个话题的时候，居然被同事说得哑口无言，小江大为吃惊，第一次发现同事居然这么"能说"。看着小江一副惊讶的样子，同事慢悠悠地喝了口水，对她笑了笑说道："平时你说什么我都不和你争，不是因为我不会说，而是因为我觉得争论没什么意义。那些被你怼得不说话的人，未必是因为服了你或说不过你，可能只是觉得浪费时间争论这种事情毫无意义罢了。这一时的口舌之快，到底能给你带来什么啊？"

是啊，把聊天堵死了，让别人感到不快活了，除了把自己的路堵死，还能获得什么呢？真正会说话的人，从来不屑于在无关紧要的小事上反驳，更不会总想着去堵死别人的话。

一场愉快的聊天，必然是在你来我往中进行的，即便结束，也会留给人意犹未尽之感，这样对方才会期待与你的下一次交谈，彼此之间的关系也才会有进一步的可能。如果在交谈中，你总是让对方无言以对，那么又怎么指望对方会愿意与你建立更为亲密的交往关系呢？

记住，你来我往才是交谈，只有你一个人滔滔不绝，那叫作演讲。愉快的聊天是促进社交关系最直接有效的方式，堵死了聊天，也就堵死了建立社交网络的路。

语言的掌控力

语言的掌控力是不容小觑的，会说话的人，往往只需三言两语，就能推动事情按照自己的意愿发展下去。

在电影《快乐飞行》中有这样一个情节：

某航空公司的新人空姐在分配飞机供餐的时候，由于大多数的乘客都选择牛肉，导致鱼肉大量剩余。这样下去牛肉供应必然不足，那么有很大一部分乘客就只能被迫地接受鱼肉了，这部分乘客必然会感到不高兴，怎么办呢？

这时候，经验丰富的前辈空姐站出来了，她是这样向乘客们推介的："您好，现在机内供应以优质香草、富含矿物质的天然岩盐以及粗制黑胡椒嫩煎出来的白身鱼，以及普通的牛肉，请问您需要哪一种？"

前辈空姐这样一推介，很多乘客都感觉鱼肉应该会更好吃，于是不少乘客都主动选择了鱼肉，情况顺利得以扭转。

毕竟是电影，自然存在夸张的成分，但不得不说，语言确实具有神奇的力量。合适的措辞表达往往能够直接影响到别人的决定，从而推动事态的发展。

就像电影中的前辈空姐，她在向乘客推介菜单的时候，把重点放在了鱼肉上，并在言语中暗示了鱼肉的"高级"和牛肉的"普通"，让乘客先入为主地形成了一种印象：鱼肉比牛肉好。这样一来，在二选一的时候，除了本身更喜欢牛肉的乘客之外，没有特定偏好的乘客显然更愿意尝试"更好"的鱼肉。这就是语言的技巧，通过巧妙的暗示与引导，让别人做出你希望他做出的选择。

在这个世界上，说话大概是最简单却也最难的一件事。我们每天都在说话，但很多人其实却都不知道，语言所具有的力量究竟多么强大。一句冒犯的话，或许就会在彼此间筑起一道隔阂；一句赞美的话，或许就会成为彼此心间最动人的记忆。语言的力量不容小觑，借助这种力量，每个人都能打开走向成功的通道。

在人际交往中，语言不仅仅是一种强而有力的沟通工具，更是你与人交往的一张"活名片"。你的言行举止，你在聊天中说出的每一句话语，无一不是在向对方展示你自己、介绍你自己。你用语言表达自己的思想内涵，而别人则通过你的语言来认识你、判断你。对于我们来说，语言不仅代表了你个人的生活，同时也会对他人的生活造成影响。

台湾作家林清玄曾分享过他高中时代的一件事：

高中时候的林清玄是个坏学生，不管学业还是操行在学校里都属于劣等，还曾记过两次大过，甚至被赶出了学校宿舍。对于这样一个坏学生，老师们自然不会有多喜爱。但那个时候，林清玄的国文老师却告诉他说："我教书已经50多年了，一看你就知道，以后一定能成大器！"就是这样一句话，深深地震撼了当时上高二的林清玄，让他从此发愤图强。

后来，林清玄成了一名记者。一次，他在写一篇关于小偷作案的文章时，对小偷作案时所展现出的缜密思维和细腻手法大为赞叹，便在文章最末发出了这样一句感慨："如这般思维缜密、手法灵巧、风格独特的小偷，不管做什么行业都定然会大有成就的啊！"这一句顺势而为的感慨，改变了小偷的一生，让他脱胎换骨，并在20年后成为了一名小有所成的企业家。

这就是语言的力量，有时候，你以为你只是说了一句无心的话语，却不知你这句话会给别人的心理造成多么重大的影响。不管是少年时代调皮捣蛋的林清玄，还是误入歧途的小偷，他们都是被一句话所拯救的人。

所以，人生想要成功，就一定要记得重视语言的掌控力，并且重视你所说的每一句话。你所说的某一句话，或许就是成功的钥匙，或许就是失败的祸根。

嘴甜的人不吃亏

从小父母都会教育孩子，见到人就要张嘴喊，不管是熟人还是陌生人，先开口问声好准是没错的。就像俗话说的，"嘴甜的人不吃亏"，这一点不管对于孩子还是成年人其实都一样。嘴巴甜一点，张嘴喊人勤一点，总归是不会让人讨厌的。

设想一下：

假如你是老板，你手下的员工A，每天一见你就大声问好，而员工B呢，见到你就跟老鼠见了猫似的，不是躲开就是低头。那么，在员工A和员工B工作能力没有明显差异的情况下，你会更喜欢谁？

再设想一下:

假如你有两个关系都比较一般的朋友小 A 和小 B,小 A 每次一见到你就热情地和你打招呼,小 B 则始终都是不冷不热的,你不主动他也不会主动。那么,在你对小 A 和小 B 的了解都差不多的情况下,你会更愿意去和谁亲近呢?

答案其实显而易见。

每个人都喜欢那种被人尊重、被人重视的感觉,不管这个人是你的上司还是下属,是陌生人还是朋友,被投之以关注始终都是一件令人感到愉悦的事情。因此,嘴甜的人不管在哪里,都是很难令人讨厌的。所谓"伸手不打笑脸人",其实也是一样的道理。

嘴甜并不是一味说好话,或者无原则的阿谀奉承,而是一种对别人展露的、一种发自内心的热情与尊重。当你能够学会嘴巴甜一点,多用美好的语言给予他人一些称赞的时候,你自己的心态也会随之而变得积极开朗起来,对营造良好的交际氛围也是大有好处的。

那么,如何才能做到"嘴甜"呢?有几个点需要注意一下。

第一,主动称呼对方。

见人先张口,这是一种礼貌,也是一种表达热情与善意的方式。无论是面对熟人还是陌生人,先开口打招呼,称呼对方,怎么都不会错。这也是为什么孩子跟随父母出门的时候,与人打交道时,父母一定会先教孩子"叫人"的缘故。

如果你一时之间拿不准应该称呼对方什么,那么就牢记一点:年轻的称呼始终要比年老的称呼顺耳的多。比如被叫"姐姐"始终比被叫"阿姨"要让人开心,被叫"哥哥"也总比被叫"叔叔"要听着顺耳。

第二，注意分寸。

说话要懂得注意分寸，哪怕是开玩笑，也一定要注意玩笑的尺度以及对方的反应。不管是调侃还是玩笑，最终目的都是为了增添聊天的乐趣，让参与聊天的人感到愉快，因此，在调侃或开玩笑的时候，一定要懂得察言观色，把握分寸，以免让对方感到不舒服，这也是对他人的一种尊重。

第三，说话要走心。

嘴甜和油嘴滑舌是有本质区别的，油嘴滑舌的人喜欢谄媚地说好话，却不带一点真心。但嘴甜并非如此，真正的嘴甜应该建立在有一说一的基础上，也就是说得真诚。说话不走心，哪怕说的都是好话，听的人也只会感到空洞。所以说，想要成为一个嘴甜的人，关键还是在于"心甜"。当我们学会如何去发现别人身上的美好，以一颗感恩的心去面对生活时，自然也就拥有了一颗"甜"的心，说出的话当然也就真诚又中听了。

多说好话，至少人人都爱听

人都是爱听好话的，且不论这好话有几分真，但听起来总归是要顺耳的多。就像"丰腴"怎么都比"胖"听起来顺耳，"苗条"怎么都比"瘦"好听一样。

佛经上有这样一个故事：

婆罗门养了一头牛，他对这头牛相当好，把它照顾得舒舒服服的。这头牛想报答婆罗门，于是有一天就对他说："主人啊，有个地方有一位长者，他家里也有一头牛，你去找他，就说让我和这头牛比赛，赌注是一千两黄金，我保证能把这钱赢回来给你。"

婆罗门一听非常高兴,赶紧去找那位长者,转达了牛的意思。这位长者欣然应允,在他看来,没有哪一家的牛是可以和他家那头相比的。

协议达成之后,很多人都跑来看热闹,两头牛就开始比赛了。在比赛的过程中,婆罗门很激动,一直指着他的牛大声骂:"你给我好好干!你看看你的牛角,难看死啦,一点劲儿也没有……"

骂着骂着,牛不干了,拉车的劲儿也没了,结果婆罗门输掉了这一千两金子。

回去之后,婆罗门很生气,抱怨了牛一通,牛也不高兴了,愤怒地说道:"主人啊,我们牛最喜欢的就是自己庄严好看的角,可在比赛的时候,你却一直骂我的角难看,你这个样子,我怎么有心情去比赛呢!你要是当时能夸夸我,我马上就能赢了!"

婆罗门听了这话,自己也反思一下,觉得牛说得有道理,于是他又找到那个老者,提出再比赛一次,这一次赌两千两金子。老者正是赢得意气风发的时候,当即就拍板同意了。

在第二次比赛的时候,婆罗门按照牛交代的,一直大声夸它的角好看,有劲儿,厉害……牛听着这些夸赞很高兴,力气也变得更大了,很快就赢得了比赛,并帮婆罗门赢回了两千两黄金。

瞧,就连牛都喜欢听好话,更何况人乎?

俗话说得好:"好话一句三冬暖,恶语伤人六月寒。"好话不妨多说几句,至少人人都爱听。

在社交场上,想要赢得别人的好感,一定要牢记:"话多不如话少,话少不如话好。"人都是有表现欲的,都渴望获得别人的关注,在聊天中也是如此。每个人或多或少都会有表达的欲望，因此，在聊天中，想要赢得对方的好感，与其绞尽脑汁滔滔不绝地展现自己，倒不如扮演好一个倾听者的角色，把展示的舞台让给对方。当然，如果懂得在适时的时候说些中听的话，那么相信这场聊天一定会非常愉快。

人一定要懂得管好自己的嘴巴，东西可以乱吃，但话却是万万不能乱说的。尤其在日常的社交活动中，每说一句话之前，都应该好好想一想，自己将要说的话是否有什么不妥当，以免祸从口出。毕竟言者无心，听者却可能有意，口无遮拦的后果往往就是给自己招惹无端的祸患。

总而言之，说话这件事，最简单也最难。说简单，张开嘴巴，上下嘴唇一碰，话就说出来了。难的是我们得为自己说出的每一句话负责，并承担相应的后果。所以，话还是尽量拣好的说，毕竟好话人人都爱听，不过是嘴唇一碰的事，又何必为争一时的口舌之快，而给自己带来无穷的麻烦呢？

第二章 情商的里子：
情商修炼，从认识自我开始

美国哈佛大学的教授丹尼尔·戈尔曼说："情商是决定人生成功与否的关键。"著名的"二八定律"也表示，人的成功，有20%取决于智商，另外80%则是取决于情商。智商是与生俱来的，但情商不同，它主要取决于人后天的培养。而要提升情商，就得先从正确客观地认识自我开始。

不敢正视自己的缺点，就是在欺骗自己

每个人都期望自己是完美的，然而事实上，这个世界从来就不存在完美。就像断臂的维纳斯，即便美丽如斯，却也始终摆脱不了残缺。这并不奇怪，每个人都有缺点，重要的是，你是否能正视自己的缺点，诚实地面对自我。

罗斯福是美国历史上一位非常著名的总统，毫无疑问，他是个令人敬佩的伟人。

小时候的罗斯福并不漂亮，他的牙齿长得参差不齐，还暴露在外，常常被人嘲笑，因此整个人都显得有些畏畏缩缩。

而且，罗斯福还有气喘的毛病，每次被老师叫起来念课文的时候，都会因为紧张而使呼吸变得非常短促，牙齿也常常颤动个不停，念出的句子也是含糊不清的，那副样子真是滑稽得很。

不得不说，那个时候，恐怕没有任何人能从罗斯福身上发现一丁点儿的个人魅力，毕竟他实在太不起眼了。但就是这样一个不起眼的人，却从未放弃过自己。即便有着各种缺陷，但罗斯福并未因此而自怨自艾，而是

更努力地奋斗，改变自己，磨砺自己。

他坚持不懈地努力学习，把短促的气喘声变成了悦耳动听的语言，把自卑的畏缩变成了充满自信的行动力；他踊跃地参与各项运动，哪怕身体弱小也从不退让；他为人谦和，总在别人有需要时伸出援手，将自己内心的自怜与自卑一点点地化作坦然与快乐。

不得不说，正是自身所存在的种种缺陷，造就了罗斯福一生的奋斗精神，让他在不断的磨砺中拥有了钢铁般的意志力，并最终登上了"美国总统"的宝座。

正所谓"金无足赤，人无完人"。在现实生活中，永远不可能存在十全十美的人和事，但很多时候，缺陷之处恰恰正是激发一个人生机与活力的地方。重要的是，我们能不能勇敢地正视自己的缺陷，通过不懈的努力去改正它。

一个人想要进步，就得先认识到自己的不足，只有认识到了自己的不足，找到提升自我的突破点，才能让自己变得更强大、更优秀。有缺陷并不可怕，可怕的是明明知道自己存在缺陷，却不敢面对，让自己活在虚假的自我欺骗中。

勇敢地正视自己的缺陷与不足是一种智慧。很多时候，人们之所以不愿意承认自己身上存在的缺陷，往往是因为不愿承受这些缺陷带来的压力，也不肯面对可能出现的失败和缺憾。但其实，只要鼓起勇气，与缺陷面对面，你会发现，缺陷带来的压力完全可以转化为动力，重新点燃起我们对生活的热情与斗志！

缺陷就像弹簧一样，你用力地去挤压它，那么它带来的反冲力也就越大。相反，如果你坦然地接受并正视它，那么必然能找出弥补这种缺陷的方法，从而活出自我，超越自我，发挥自己的才能与潜力。

缺陷并不可怕，可怕的是因为无法接受自己的缺陷，而不断地欺骗自己、欺骗别人。要学会用一颗坦然的心、自信的心，去包容自己的不完美，接受自己的不完美。缺陷是压力，但也可以成为督促我们不断前进的动力。即便是那些通过努力也无法弥补的缺陷，只要能够坦然地面对和接受，也可以扬长避短，让自己的优势得到充分的展现。

比认识他人更重要的是认识自己

古希腊有这样一则神谕：认识你自己。

认识自己，不过只是四个字，但真正做起来，却并不是件容易的事。人们总是习惯把目光放在别人身上，看着别人的成就或落魄，以此来寻找自己内心的平衡，但却忽略了，在这个世界上，比认识别人更重要的，是我们得先认识自己。

世界上不存在完全相同的两片树叶，同样也不存在完全相同的两个人。人与人所拥有的天赋与才能都是不同的，有的人擅长绘画，却对音乐一窍不通；有的人擅长舞蹈，却对算术无可奈何。如果总是看着别人，却对自己一无所知，那么你将永远无法真正了解到自己的长处，也永远无法找到真正属于自己的道路。

上高中的时候，杰克的老师找到了他的母亲，并直言不讳地对她说："您的儿子理解力非常差，甚至还比不过很多年纪比他还要小的孩子，我们认为他或许并不适合在这里上学。"

听了老师的话之后，杰克的母亲非常难过，但也无可奈何，毕竟儿子的学习成绩真的非常差，哪怕挣扎着念完高中，恐怕也考不上大学。于是，杰克的母亲只得把他领回了家，想着帮他谋一份工作，让他日后可以养活自己。

一天，母亲带着杰克去上街，路过一家正在装修的商店，商店门口放着一件手工雕刻的艺术品。看到那件艺术品，杰克似乎非常感兴趣，走上去好奇地看了又看，摸了又摸。当时母亲也并没有在意，只以为儿子又喜欢上了什么小玩意儿。

可没想到的是，从见识了那件手工雕刻的艺术品之后，杰克似乎迷上了这个东西，不管见到什么材料，木头也好石头也罢，都会按照自己的想法去打磨它们，把它们塑造成各种不同的形状。

杰克的沉迷让母亲感到非常着急，儿子本来就不是什么聪明的孩子，已经读不成书了，如今再这么玩物丧志，恐怕连工作都不能用心做了。思索许久之后，母亲决定，让杰克远走他乡，去寻找适合自己的事业，同时也体验一下生活的残酷。

令人意外的是，多年以后，通过不懈的努力，杰克成为了著名的雕刻大师。直到那个时候，母亲才意识到，自己的儿子其实非常优秀，只是那时他们都还没有真正认识他、了解他罢了。

在这个世界上，没有谁是真正一无是处的废物，很多时候，我们缺少的，不过只是一个合适的位置和正确的自我认知罢了。

这个社会的确存在一些普遍的标准，人们习惯于用这种普遍的标准去衡量一个人的价值与成就，但普遍却不意味着绝对或正确。比如读书，很多人会用学习成绩的好坏去衡量一个孩子的价值，但事实上，并不是所有学习成绩好的人，未来都能取得大成就，同样地，也并不是所有不会读书的人，将来就一事无成。

多少有能力的人，之所以被平凡的现实困住，就是因为他们也总是习惯于用普遍的标准来要求自己、看待自己，而不是真正地去了解自己，发掘自己的潜力，从而为自己寻找真正适合自己的道路。

每个人都是一颗钻石，但你必须找到真正适合自己的打磨方式，唯有如此，才能释放出耀眼的光彩。别人再耀眼，再成功，那也是别人的事情，与其总把目光放在别人身上，想着要超越别人，打压别人，倒不如多看看自己。

请记住，认识自己，这比认识别人更加重要，只有认识了自己，才能真正了解自己，看到自己的优缺点，从而走出迷茫，寻找到人生真正的方向。

没必要去迎合别人的期待

在这个世界上，活得最累的人，就是那些总想左右逢源，试图让所有人满意的人。诚然，受到认可与尊重是每个人正常的一种心理需求，但人活在这个世界上，就必然会遭遇批评甚至辱骂，有时甚至你可能根本没做错任何事，也会遭到不公正的对待。

人处于社会之中，就注定会被错综复杂的人际关系或利益关系所牵绊，很多时候，因为立场不同、角度不同，不管你做什么，怎么做，都必然会遭到某些人的非议。如果总是过分地在乎这些非议，总试图去迎合别人的期待，那么即便你丢失了自我，也不可能让所有人都满意。

生活，不过是如人饮水，冷暖自知。只有你自己才真正明白你想要什么，期待什么，想成为什么样的人，也只有你自己，才有资格规划自己的人生，决定自己的未来。要知道，别人的期待很难成为你的幸福。

一个星期天的下午，在美国宾夕法尼亚州弥尔顿好时学校的田径场上，迈克尔·约翰逊作为特邀嘉宾，出席了"好时青少年国际田径锦标赛"的总决赛。见到迈克尔，孩子们都非常激动，亲切地和他打招呼，找他要签名。

在接受记者采访的时候，迈克尔给了参加比赛的孩子们这样一句忠告："永远要相信自己，不要太在意别人的目光。"

这句话事实上也是迈克尔人生的座右铭。众所周知，迈克尔在田径场上的跑步姿势非常特别——挺胸、撅臀、梗着脖子。因为这个奇特又滑稽的跑步姿势，迈克尔获得了一个绰号——"鸭子"。后来《阿甘正传》这部电影出现之后，他才拥有了又一个新绰号——"阿甘"。

许多人都曾讥讽过迈克尔跑步的姿势，他从未因此而发过怒，当然，也从来没想过要改变自己的姿势。当面对别人的质疑或指责时，他坦然地表示："我跑步的姿势和我的身材有关，是自然形成的。虽然很多人批评过，认为这样不合理，但我认为很好，因此我一直都这么坚持。"

正是这样怪异的跑步姿势，却让迈克尔3次参加了奥运会，并一共夺取了5枚金牌和9枚世界田径锦标赛的金牌。最具传奇色彩的是，在1996年的亚特兰大奥运会上，国际田联和国际奥委会为了迈克尔竟破天荒地专门修改了田径赛程，将400米与200米半决赛之间的休息时间从50分钟调整到了4个小时。最终，在这一体贴的调整后，迈克尔一举拿下了400米和200米两个项目的金牌。

迈克尔怪异又滑稽的跑步姿势始终被人津津乐道，在田径场上，他跑步的样子总是显得那样特立独行，然而，不管多少人对这种奇特的姿势进行指责，却都无法否认他在田径项目上的成功。

在别人眼中，迈克尔的跑步姿势或许既不雅观，也不科学，然而，只有他自己才知道，这样的姿势才是真正适合自己的，能够让自己发挥出最大的优势。如果他因为别人的眼光或意见而盲目地对自己的跑步姿势进行纠正，那么恐怕就无法发挥出自己真正的潜力，取得这样辉煌的成就了。

我们生存于这个世界上也是如此，如果总是迎合别人的期待，在意别人的眼光，那么终究只会自寻烦恼，让自己陷入无尽的痛苦和不满之中。人生大部分的焦虑、困惑、烦恼和麻烦，实际上都来自于对他人意见和想法的担忧。但其实仔细想一想，别人怎么想真的那么重要吗？别人对你不满意，对你指手画脚，又能对你造成什么实质上的影响吗？生活是自己的，唯有自己，才明白自己真正想要的是什么。

失败面前，与其苛责不如反省

人生在世，总是难以避免会遭遇失败。在失败面前，有的人会选择苛责埋怨，把自己的失败归咎在时运或他人身上；有的人则会积极反省，哪怕不全是自己的责任，也不会咄咄逼人，而是在承担责任的同时反省自己的不足。

前一种人只会怨天尤人，永远不能从失败中吸取教训；而后一种人，失败之于他而言，不是挫折而是财富，因为在每一次失败中，他都能够获得宝贵的人生经验，帮助自己向成功迈进一大步。

在检阅队伍的时候，一名军官突然注意到，有一名士兵头上戴的帽子尺寸太大，都快要挡住他的眼睛了。于是军官就走到了这名士兵跟前，大声问他："为什么你的帽子会这么大？"

士兵立即高声回答："报告长官，不是我的帽子大，是我的头太小了！"

听了士兵的话，军官又问道："这有什么区别？头太小不就说明帽子太大了吗？"

士兵用坚定的声音果断地回答道："报告长官，作为一名军人，不管遇到什么问题，都应该先从自己身上找原因，然后想办法去解决，而不是从其他地方给自己找借口！"

听完士兵的回答，军官满意地点了点头，大步离开了。

几十年后，这名士兵成为了美国历史上最为著名的统帅之一，他就是艾森豪威尔将军。

是帽子太大还是头太小？这两者看似没有什么区别，但所反映出来的态度却大为不同。抱怨帽子太大的人，会将一切问题都推给"帽子"，把所有失败都归结在"帽子"头上，这样的人无论何时都不会反省自己存在的问题。

而认为是自己头太小的艾森豪威尔却不同，正如他自己所说的，作为一名军人，无论遇到什么问题，都应该先从自己身上找原因。毕竟不管遭遇什么事情，我们真正能够掌控的，也只是我们自己而已。所以，想要成功，与其总去抱怨外界的原因，苛责他人的过失，倒不如好好从自己身上反省，尽可能让自己做事更加周全，从而弥补外界不稳定因素带来的失败隐患，为下一次成功的机遇做好准备。

生活中总会发生很多我们无法预料的意外，比如说好去游乐场，却突然碰上大雨倾盆；差不多已经到手的工作机会，却听说被人"走后门"抢走；一直坚持不懈追求的理想，却在付出百般努力之后依旧成功无望……在这些事情中，有的因素是我们能够掌控的，而有的因素则是我们掌控之外的。对于掌控之外的那些因素，不管我们多么不甘，多么愤恨，多么痛心，都无力去左右它们。我们真正能够做的，只是牢牢地掌控住我们所能掌控的东西，比如提升自己的能力、增强自己的学识、拓展自己的社会关系等等，以便增加我们的筹码。

在这个世界上，大多数的失败者之所以与成功无缘，并不是因为他们自身能力不足，或是命运多舛，归根结底，还是因为他们不懂自省。在面对失败的时候，每个人都可能陷入负面情绪，并将这些负面情绪迁怒在环境或他人身上，从而喋喋不休地抱怨。如果不能及时地从这种不良情绪中脱困，积极反省，吸取教训，那么即便有下一次机会，恐怕也只能重蹈覆辙。

我们无法让世界改变，让他人改变，但我们可以改变自己。当一个人学会改变自己的时候，才能更好地与社会接轨，也才能更好地在大环境中找到适合自己发展的道路与方法，从而战胜各种未知的困难，在严峻的竞争中打拼出属于自己的天地。

要记得为自己喝彩

《简·爱》中，简对罗彻斯特先生说过这样一句话："……我贫穷，低微，不美丽，但当我们的灵魂穿过坟墓，来到上帝面前，我们是平等的。"贫穷弱小的简，富有强大的罗彻斯特，不管是社会地位还是外在条件，两个人都天差地别，但即便如此，在罗彻斯特先生的面前，简却依然能够直起腰板，理直气壮地告诉他——"我们的灵魂是平等的"。也正是这样的简，才能赢得罗彻斯特先生的尊重和爱情。

在生活中，像简这样平凡的普通人比比皆是，他们就如同漫山遍野的野菊花一般，随处可见，而那些如同罗彻斯特先生一般的成功人士，则像那高洁的康乃馨、艳丽的玫瑰花，被摆在精致的橱窗背后。虽然野菊花不如康乃馨、玫瑰花那般值钱，也不如它们那样引人瞩目，但野菊花同样有着属于自己的美丽，同样有着令人愉悦的独特香气。

所以，哪怕你只是平凡无奇的野菊花，也应记得为自己喝彩。哪怕你贫穷、弱小、低微，只要你不曾轻贱自己，那么你的心、你的灵魂与那些高高在上的人也并没有什么不同。在社会上，人的身份或许有高低之分，但灵魂却无贵贱之别，每个人都是平等的，没有谁天生就比别人差，即便只是茫茫人海中平凡无奇的一滴"水"，也能折射出绚丽的彩虹。

野田圣子曾担任过日本的邮政大臣这一职务，她无疑是一位非常优秀的女性，而很多人都不知道，在初入社会的时候，她得到的第一份工作却是清洁厕所。

那时候，野田圣子还是个正值青春妙龄的少女，和所有胸怀激情的年轻人一样，她也渴望能找到一份体面并且薪酬高的工作。然而现实却是残酷的，她得到的第一份工作并不体面——清洁厕所。她曾想过放弃这个工作机会，但在犹豫许久之后，她还是打消了这个念头，并暗暗告诉自己："哪怕一辈子都只能做清洁厕所的工作，我也要成为清洁厕所最出色的人！"

有了这个信念和目标之后，野田圣子给自己的工作制定了严格的要求：一定要让马桶光洁如新，让马桶里的水达到可以喝的程度。制定了这个标准之后，为了激励自己，并证实自己的工作成果，她多次亲自喝过马桶里的水。

正是因为有这样的坚持和毅力，野田圣子把这份众人眼中"低贱"而又"肮脏"的工作做到了极致。也正是因为这种追求完美的精神，野田圣子最终一步步登上了人生巅峰，成为了日本的邮政大臣。

人这一生会经历许多事情，而这些事情中，有很大一部分或许都是不尽如人意的。在遭遇坎坷与挫折的时候，如果我们因此而对自己失去信心，忘记了为自己喝彩，那么很可能会就此沉沦在自我否定和自我摧毁中不可自拔。但如果我们能够坚定信念，坚持做好一切能够做到的事情，那么相信有一天，成功一定会光临我们。

就像野田圣子，对于年轻而充满激情的她而言，一份清洁厕所的工作显然并不符合她的期待，但她并未因此放弃自己，也未因此就看轻自己，而是在接受现实的同时整理好心情，为自己加油鼓劲，哪怕是最简单的工作，也要将它做到最好，总到完美。

所以请记住，只要你不曾放弃生活，那么命运就永远不会放弃你；只要你还记得为自己喝彩，那么终究有一天会收获掌声。

懂得接受并享受别人的善意

有的人说话总是习惯"夹枪带棒"，一句好话都愣是能说出"骂人"的感觉。有这种习惯的人通常心性都较为敏感，对人的防备意识也比较强，就像刺猬一样，一点风吹草动就会习惯性地竖起锋利的"刺"来保护自己。

虽然说"防人之心不可无"，但过重的防备意识就如同在自己与他人之间筑起一座高墙一样，挡住恶意的同时，也变相地拒绝了他人的善意，让自己陷入孤立无援的境地。很显然，这对于我们的社会生存而言是极为不利的。

我们应该懂得用头脑去分辨善意与恶意，不能别人说什么就信什么，也不能不问青红皂白就一律把人"拒之门外"。很多时候，别人给予你的建议和帮助，很可能只是纯粹的善意，而懂得接受并享受别人的善意，也是提高情商的一门必修课。

比如当你表示想要去某家店买一件佩戴的首饰时，朋友突然告诉你，你想去的那家店东西不太好，推荐你去另外一家他常去的店。如果你心性过于敏感，那么可能会有两种反应：

第一种：心里觉得朋友在向你炫耀他的消费水平，所以对朋友的态度变得冷淡下来；

第二种：觉得不喜欢朋友推荐的店，于是直接果断地拒绝对方的提议。

不管是哪一种反应，实际上都表露出了一种本能的抵触和拒绝。事实上，不管朋友究竟是抱着怎样的想法或目的说出的这一建议，至少初衷都是为了让你有更多的选择，这种时候，为什么不愉快地表示感谢呢？或许你未必会真的在那家店消费，但你所传达出的态度对于你与这位朋友的交往却是非常重要的。

曾遇到过这么一件事：

一个朋友是个"富二代"，家庭条件很好，毕业之后就直接进了家族企业，过上了有车有房的潇洒生活。因为从来不差钱，所以出门在外的时候，他对朋友都特别大方，常常请客吃饭，并且经常主动负担起吃饭完毕后开车送人回家的任务。

按理说，这个朋友做人那真是没得说，可偏偏有个同学却非常看不惯他，经常在背后说他的不是。令人哭笑不得的是，那个同学之所以讨厌他，恰恰正是因为他的慷慨和热情。按照那个同学的说法就是，不管是他请客吃饭，还是开车送人回家，都是想要在众人面前炫耀，彰显自己条件好，有钱有车，从而在他们这些"穷人"身上找寻优越感……

不可否认，现实生活中的确存在那种喜欢在别人面前炫耀自己的优秀，从而找到满足感和优越感的人，但同样，现实生活中也的确存在那种只是想单纯地向周围的人表达善意的人。就像这位"富二代"朋友，因为自身条件好，所以他会有意识地去多承担一些花费。对于他来说，这可能是一件很自然的事情，但在一些较为敏感的人看来，可能这种善意就变味了。

很多时候，对别人的善意不领情，甚至习惯以恶意去进行揣测的人，通常都存在一定的自卑心理。在他们看来，别人对他们的好，必然都掺杂着目的和企图，因为在他们心中，并不认为自己是个足够优秀值得别人真诚以待的人。这其实也从侧面反映了他们内心的脆弱和自卑。

其实，懂得接受并享受别人的善意也是一种美德，一种豁达。接受别人善意的馈赠与帮助，然后在适时的时候给予回报，融洽和谐的人际关系正是在这种互动中一点点建立起来的。所以，当别人向你伸出善意的手时，请勇敢地去握住他，别让冷硬的拒绝和过分的戒备毁掉一段真诚的友谊。

控制力：高情商的核心力量

情商修炼，核心就在于控制力的提升。

1960年，著名心理学家瓦特·米歇尔曾经做过一个软糖实验。他在某幼儿园召集了一群四岁的小朋友，并在每个人面前都放了一粒软糖，交代他们说，老师会离开一会儿，在此期间不许偷吃糖。等老师回来之后，听话没有偷吃糖的小朋友将再获得一颗糖，而偷吃了糖的小朋友自然就没有奖励了。

老师离开之后，研究人员偷偷观察了小朋友们的举动，发现一部分小朋友开始蠢蠢欲动，把手伸向软糖，然后又缩回来，又伸过去……来回几次之后，有的小朋友忍住了，有的小朋友则还是把糖吃了。

一段时间后，老师回到教室，果然如之前交代的，给没有吃糖的小朋友们又分别奖励了一颗糖。

后来，米歇尔继续对这群参加实验的小朋友进行跟踪观察。他发现，在上初中之后，那些当初控制住自己没有偷吃糖的小朋友，大多数成绩和表现都要比那些当时偷吃了糖的小朋友好得多，他们更有毅力，也更有合作精神。这种差异性一直到进入社会后也依然存在。

在这个软糖实验中，瓦特·米歇尔所考验的，正是小朋友们的自我控制能力，而事实也证明，自我控制力强的人，显然比那些自我控制力弱的人要更接近成功。而控制力也正是高情商的核心力量，一个人情商的高低，与他的自我控制能力强弱是有直接关系的。所以我们才说，要修炼情商，关键还在于自我控制力的提升。

很多人认为，所谓情商高，指的就是一个人世故圆滑，做事面面俱到，顾及别人的感受。但实际上，这种认知是非常不准确的。情商的主体不在于"关注别人"，而是在于"控制自己"。情商是一个人情绪、情感、意志、耐受挫折的能力或品质等等方面的综合体现，可以说，在人际关系中，情商所反应的，其实就是一种与人交往时的合作态度。

一个人情商的高低，关键还要看他的自我控制力。比如决定从此要奋发向上，可第二天早上起床的时候觉得还没睡够，非常难受，这种时候，能不能把自己的想法和计划贯彻实施，关键就看你的自我控制能力。如果连一个起床都做不到，就更别说其他的事情了，所以我们才说，情商的高低，往往决定了成功的可能性。

一个情商高的人，必定是一个能够控制自己的情绪，并且为自己的情感负责的人。在遭遇挫折与痛苦的时候，他同样会悲伤、会难过，但更重要的是，他会懂得控制自己的行为，并以一种更为安全理智的方法来慢慢修复自己，让自己的生活继续正常向前，尽可能地减少情绪或情感带来的冲击。而这一切，则都是自我控制力的一种体现。

所以我们才说，想要提高情商，最关键的还是在于提升我们的自我控制能力，争取把那些猛烈的、不可控制的情绪变得可控。

情商高的人和情商低的人最大的区别就在于，当他们不知道该如何处理内心激烈冲突的情绪时，情商高的人往往会通过一些途径，来帮助自己发泄激烈的情绪，让这些情绪变得合理化，比如进行一段时间激烈的体育运动，或者做一些自己感兴趣的事情转移注意力等等。而情商低的人则习惯于把希望寄托于别人身上，渴望通过别人来满足自己，就像不懂事的孩童，一旦不高兴便期望身边的人来哄着自己，逗自己开心。

所以说，情商的高低不仅仅决定了你成就的高低，同时也与你的幸福感息息相关。情商高的人总能将自己的幸福体验抓在手里，而情商低的人却总把自己的幸福寄托于他人的身上。

第三章 "正"心态"养"情商：自我克制，是一种修养

这个世界上，任何事情都是有两面性的，好与不好主要还是取决于你看事情的角度和态度。当你能够学会调节心态，用正面思维来看待问题、解决问题的时候，自然也就会懂得时时"口吐善言"，让交流变得更加和谐愉快。

只有弱者才喜欢自欺欺人

有这样一种人,他们喜欢活在别人艳羡的目光中,似乎只有沐浴在这样的目光之中,他们才能感到满足。更有甚至,为了获得这种虚假而病态的满足感,他们宁愿背地里过得困苦不堪,也要在面子上"打肿脸充胖子",活成别人眼中"幸福美满"的模样。

这种自欺欺人的心态其实是非常可悲的,这样的人不仅一直在欺骗别人,更重要的是也一直在欺骗自己,让自己沉浸于一种盲目而虚假的情绪中不可自拔,用虚无的满足感来麻痹自己,缔造一个又一个的生活骗局。

喜欢自欺欺人的人通常都是最软弱也最自卑的人,这种人连诚实面对自己的勇气都没有,自然更不可能有改变命运、掌控人生的勇气。这样的人是可悲的、可怜的,同时也是可恨的,因为正是他们的软弱,造就了他们自己悲剧而又可笑的命运。

在20世纪,日本曾爆发过一场严重的经济危机,很多企业都在这场危机中倒闭了,这其中就包括一位面店老板。

面店破产倒闭之后,这位面店老板返回了家乡,住进了自己从前的破房子，并日日为自己的失败感到痛苦不已。他无法面对人们同情怜悯的目光，更不愿意被昔日的对手嘲笑讥讽，因此，他一直都对外宣称，自己是厌倦了城市紧张的生活，所以才回乡下"放假休息"，却只字不提关于破产的事情。

为了不引人怀疑，他不仅没有节约开支，反而比以前过得更加奢侈浪费，穿高品质的手工西服，吃饭也只去最有名最昂贵的大饭店。他指望用这种铺张浪费的生活方式来隐藏自己的失败，哪怕花光所剩无几的积蓄也在所不惜。

世上无不透风的墙，虽然这位面店老板一直隐瞒，但依旧有不少人辗转听闻了他早已破产的消息。毕竟别人不都是傻子，不管怎么隐瞒，他的真实状况到底如何，不少人其实都是心中有数的。也有人曾好心劝他，别这么要面子，把自己的日子过好才是最重要的。但这些委婉的奉劝却只让他更加变本加厉、欲盖弥彰……

可以想象，当这位面店老板为了维护自欺欺人的假象而花光最后一份积蓄的时候，他会陷入怎样悲惨而贫困的生活？而到了那个时候，他不惜一切也要隐瞒的失败，也终将会揭开所有面纱，赤裸裸地呈现在众人面前。

不可否认，这位老板曾经的确是一位成功的人，但他却始终没能真正成为一名强者。失败降临之际，他选择了逃避而非面对，甚至不惜牺牲真实的生活，用虚假的谎言去维持一个看似美好的成功假象。这样的他无疑是软弱的，这样的软弱也注定了他从此再也与成功无缘。

失败并不可耻，也不可怕，失败只不过是成功路上的一段坎坷，哪怕被它绊倒，只要再次站起来，就依然有大步向前的机会。但如果在摔倒之后，因为担心被人嘲讽讥笑，不惜自欺欺人地掩盖摔倒的事实，欺骗别人也欺骗自己，那么便永远只能抱着虚假的满足，趴在失败的土地上了。

所以请记住，无论何时，都要能够直面真实的人生，哪怕它潦倒不堪，只要你肯努力，都一定存有改变的希望与机会。把心态放好了、放正了，才能让这条人生路越走越好、越走越顺。

愤怒——最具摧毁性的"凶器"

在喜怒哀乐等各种情绪中，愤怒无疑是最为激烈的一种情绪表达。在生活中，很多人就是因为无法控制自己愤怒的情绪，而在冲动之下做出难以挽回的事情的。

人生不如意之事，十有八九，在遭遇不如意的事情时，每个人都会产生愤怒情绪，这本无可厚非，但如果不能好好控制这种情绪，动辄就不分场合地大叫大嚷，甚至拍桌子、砸板凳、对人拳脚相向等，那就实在过分了。过于激烈的情绪表达不仅会对自己造成伤害，也容易让周围的人无辜遭到"池鱼之殃"。可以说，在社会交往中，愤怒无疑是最具摧毁性的"凶器"。

俗话说"气大伤身"，这其实是有一定科学道理的，美国生理学家爱尔玛就做过这样的一个实验：他将一些玻璃管插入零摄氏度的冰水混合容器中，然后收集人们在不同情绪状态下呼出的气体，并将这些气体分别溶于溶液中。结果显示，当人处于平和的情绪状态时，所呼出的气体溶于水后，溶液呈现澄清状态；当人的情绪处于悲痛中时，水中出现白色沉淀；当人处于愤怒的情绪状态中时，则会出现紫色沉淀。之后，爱尔玛将这些溶液分别注射在试验用的小白鼠身上，结果发现，"愤怒气体"的溶液在几分钟之内就会致使小白鼠死亡。

根据这个实验,爱尔玛得出了这样一个结论:人的愤怒情绪状态每持续10分钟,就会消耗掉不亚于参加一次300米赛跑的能量。可见,愤怒情绪所引起的人体生理反应是非常激烈的,而在这种状态下产生的分泌物显然比其他情绪状态下产生的分泌物要更具毒性。所以,"气大伤身"不仅仅只是一句规劝,容易生气、愤怒的人,往往都很难拥有健康。

生活永远不可能万事如意,总会遇到各种各样的烦心事,很多你在当下难以接受的事情,在很久之后回过头来看,其实也不过只是人生的一个小插曲罢了,根本不值得你为之而动怒。能够解决的事情,无须为之而生气;不能解决的事情,哪怕把自己气炸也无法做出任何改变。

一位先生非常钟爱兰花,利用平日的闲暇时间,花费大量心思在后院培育了不少兰花。一次,因为工作原因,这位先生需要出差一段时间,便把自己钟爱的兰花交给了妻子和儿子照看。妻子和儿子都知道他对兰花的热爱,在这一段时间里,一直细心地遵从着先生的嘱托。可没想到的是,一天下午,正好妻子和儿子都不在家的时候,突然一场冰雹下来,把后院栽种兰花的花盆都砸碎了。

先生出差回来之后,妻子非常内疚,把事情告知了先生,但令人意外的是,先生不仅没有生气,反而还开导妻子和儿子说:"我种兰花,是因为我喜欢它们,侍弄它们让我感到开心,可不是为了生气才种的。如果因为兰花的得失而愤怒,那岂不是违背了我栽种兰花的初衷?"

这位先生无疑是位高情商的智者。他喜欢兰花,自然会因为兰花被冰雹砸伤而难过,但他也很清楚,已经发生的事情再也没有挽回的余地,既然已经失去了兰花,如果再把自己平和的心境和愉悦的心情丢失,那才真正是得不偿失。

可见，一个人情绪的好坏，很大程度上其实是受思维影响控制的，那些无法控制愤怒情绪的人，往往正是因为在思维上容易钻牛角尖，不懂得开导自己，所以才会在遭遇不如意之事时让不良情绪泛滥成灾。

所以，在陷入愤怒情绪之中不可自拔时，记得先问自己这样几个问题："愤怒有什么意义？对解决问题有所帮助吗？这件事情真的值得我这样生气吗？"懂得克制是走向成熟的一种标志，也是提高情商的必由之路。

静心静思，别让"冲动"毁了你

俗话说"冲动是魔鬼"，很多时候，那些令我们懊悔万分，甚至失去挽回机会的决定，往往都是在冲动的情绪主导下做出来的。冲动不仅会让人失去心理上的平衡，还会让人在遇到事情时失去思考的理智和正确的判断力，被表象所迷惑，从而做出错误的决定。

曾经看过这样一个故事：

一个名叫约翰的年轻人一直很想要一辆车，缠着父亲说了许久，最终在他的软磨硬泡下，父亲终于松了口，对他说道："这样吧，儿子，我们做个约定。如果你能好好读书，考上大学，那么到时候我就给你买一辆车。"

约翰今年已经上高中了，而且他在学校的成绩并不差，想考上一个大学对他来说并不是什么难事，因此他开心地答应了父亲提出的条件，定下了这个愉快的约定。从那之后，约翰果然把全部精力都投入到了学习中，力求能考上一所比较好的大学。

功夫不负有心人，在努力勤奋的"耕耘"之下，约翰成功底拿到了大学的录取通知书，并兴冲冲地拿着通知书去找父亲兑现承诺："爸爸，快看，我完成了我们的约定，考上大学了！"

看到儿子手上的通知书，父亲也非常高兴："太好了，祝贺你啊儿子！"

"那……爸爸，你还记得当初我们的约定吗？那个时候你可是答应过，等我考上大学，就会给我买一辆汽车的！"约翰充满期待地说着，眼睛灼灼地盯着父亲。

父亲爽朗地笑了起来："那当然，早就已经准备好了，你可以去书房看一下。"

听到父亲的话，约翰脸上闪过一丝疑惑：书房？书房里怎么可能放得下汽车呢？难道不是应该去后院或者门前的马路边吗？难道父亲在逗自己玩？

虽然心中有很多疑问，但约翰还是走向了书房。打开书房的门之后，果然没看到一辆汽车。约翰皱起了眉头，又把书房扫视了一遍，突然他注意到书桌上多了几本翻开的汽车杂志，约翰顿时怒上心头，难道这就是父亲所谓的"车"？想到这里，约翰感到难受又委屈，认为父亲愚弄了自己，于是一气之下竟离家出走了。

这一走，约翰就阴错阳差地流落到了海外，漂泊了整整10年。在这10年间，他没有一天不惦念着自己的父母亲，一开始是因为赌气而不肯回家，再后来，想要回家却又因为种种身不由己的缘由而无法回去。一直到10年后，约翰才终于踏上了故土。

当约翰回到家的时候，他才知道，原来父亲在一年之前已经去世了，母亲也早已白发苍苍。伤心的约翰抱着母亲放声大哭，母亲也久久抱着失而复得的儿子默默落泪。重逢过后，母亲询问约翰当初离家出走的缘由，约翰红着眼睛哽咽着回答道:"当初爸爸欺骗了我,他说会送我一辆车,可是结果我却只看到几本汽车杂志。当时我被愤怒冲昏了头脑,冲动之下就离家出走了。可没想到,之后会阴错阳差地出海……"

听到这里,母亲脸上闪过一丝复杂的神色,半晌才难过地说道:"不,儿子,你父亲从来没有欺骗过你,当时他的确为你买了一辆车,车钥匙就放在你书桌的抽屉里……"

一次冲动,付出了 10 年的光阴。

想当初,如果约翰能够控制好自己的情绪,没有因为一时的冲动而贸然离家出走,那么他便不会碰到后来的种种"阴错阳差",也不会经历有家不能回的"身不由己"。可见,冲动是一切悲剧的根源。

所以,无论在做任何决定的时候,都应该学会静心静思,别让一时的冲动,毁了你一世的光阴。静下心来,多想想,多看看,用平和的心态去看待一切,相信如此,你才会发现生活的幸福与美好。

学会倾听也是高情商的一种体现

在人际交往中,每个人都渴望自己能成为受人瞩目的主角,牢牢掌控住聊天的话语权。但众所周知,无论在哪里,主角都只有一个,而存在主角,必然就需要有配角存在。在沟通和聊天中也是如此,有滔滔不绝、舌灿莲花的一方,就得有默默倾听、赞同附和的一方,这样交流才能顺利进行下去。

为了打造良好的人际关系,赢得别人的喜爱与认可,很多人都在努力学习怎样去说话,怎样把话说得好听,容易让人接受,但不少人却忽略了一点，那就是倾听。在一场谈话中，真正占据主角位置、把控话语权的人，未必就是最终的胜利者。我们与人沟通交流，最终目的是为了说服对方接受我们的意见或想法，而不是在谈话中一时的风光和瞩目。在某些时候，学会倾听也是高情商的一种体现，懂得把自己放在配角的位置，让对方成为谈话的主角，往往可能取得意想不到的效果。

一次，林珊受邀参加一个新产品开发的研讨会议，在会议上，一个年轻人的发言引起了林珊的注意。会议结束之后，林珊特意找到了年轻人，对他在会上提出的观点大加赞赏，并对某些细节提出了疑问。

林珊对年轻人说："你刚才所讲的那个项目我非常感兴趣，但有个问题我没太听明白……"

没等林珊说完，年轻人已经激动地说道："您想问的是不是那个零部件的问题，为什么要用塑料而非金属？"

林珊点点头："是啊，我认为金属材质比塑料更结实耐用，而且以前见过类似的零部件也是用的金属……"

大概是因为太激动也太兴奋，没等林珊说完，年轻人又急匆匆地打断道："您说的很对，以前的老机器都使用了金属材质的零部件，但这一次，我所使用的塑料和传统的塑料不一样，它是一种非常特殊的材质……"

年轻人滔滔不绝地说着，脸上洋溢着兴奋又骄傲的表情。林珊想了想，把自己原本想说的话都咽了下去，转而感兴趣地询问年轻人："那你能给我介绍介绍你所说的这种特殊材质的塑料吗？"

"当然可以！"年轻人连忙点头，随后又主动邀请林珊去他的工厂参观，并亲自通过实验向林珊展示了这种特殊材质的优点，很快双方就敲定了合作。

在找年轻人谈话之初，林珊本来是打算发表一些自己的意见和看法的，但当她注意到年轻人兴奋的表情和迫不及待想要分享自己成就的心情之后，林珊立即聪明地转变策略，成为了这场谈话的配角——倾听者，如此一来，反而让谈话变得更加愉快并且顺利了，也为之后的合作打下了良好的基础。

一场交谈是否成功，关键不在于你说了多少话，而在于这场谈话带给对方的感受是怎样的。如果你总是在谈话中压制着对方，牢牢把控住主角的位置，那么不管你多会说话，说的话多么动听，多么有道理，恐怕都会让对方产生一定程度的敌对情绪，这样反而会让谈话本末倒置，失去了沟通的意义。

所以，在人际交往的过程中，想要缔造一场成功的谈话，就必须多准备几个"剧本"，时刻观察谈话对象的情绪和反应，了解对方究竟是想成为谈话中滔滔不绝的主角，还是侧耳倾听的配角。当你能够配合对方的节奏，让对方在谈话中获得满足感和愉悦感的时候，那么即便从头到尾你也不曾发过一言，这场谈话也绝对是成功的。

先学会低头，未来才能高人一筹

有人问过苏格拉底这样一个问题："人们都说您是天底下最有学问的人，那么您觉得天和地之间的高度是多少呢？"

苏格拉底回答说："三尺。"

这人听了觉得有些可笑，便说道："我们大多数人大概都是五尺左右高，如果天和地之间只有三尺，那天不是早就被我们戳破个窟窿了吗？"

苏格拉底笑言："所以说，凡是超过三尺高的人，想要立足于天地之间，就得学会低头啊！"

低头，说起来容易，真正做起来却难。众所周知，哈佛大学是世界著名学府，培养精英的殿堂。每一位哈佛的毕业生在踏入社会之前，都会被教导"低调做人，高调做事"的道理，即便拥有令人羡慕的学历背景，他们也从不会在别人面前炫耀，不管从事哪一行业，都会踏踏实实，一步一个脚印地打好基础。也正因为这样，所以哈佛出来的人，才能成为当之无愧的社会精英。

学会低头是通往成功道路上一门重要的必修课，不管处于怎样的位置，不管拥有多少耀眼的成就，要想不断进步、突破自我，就得学会低头。一个人，如果不懂得放下身段，那么只会让自己前行的道路变得越来越窄，让自己在故步自封中独木难支。正所谓"山外有山，人外有人"，别让自视甚高毁了你前进的道路。

本杰明·富兰克林堪称美国18世纪最伟大的科学家和发明家，同时他也是著名的哲学家、文学界、政治家以及美国独立战争的伟大领袖。富兰克林为人类做出的贡献数不胜数，著名的《独立宣言》和美国宪法的起草都有着他的一份功劳，可以说，他绝对是一个值得全美国人民崇敬和爱戴的伟人。

在富兰克林年轻的时候，有一次，他应邀前去拜访一位老师，不想刚一进门，头就狠狠地撞在了门框上，肿了一个大包。看着这个比一般标准要低不少的门框，富兰克林郁闷地揉着脑袋，心里不停地咒骂着那个设计门框的人。

迎出来的老师看到富兰克林的样子便笑了起来，冲他说道："如何？是不是很痛？但你要知道，这正是你今天来拜访我得到的最大收获了！"

老师的话让富兰克林有些摸不着头脑，他探询地看着老师，等待他答疑解惑。

老师笑着继续说道："一个人，想要平安地活在这个世界上，并且不断让自己进步，就得时时刻刻都记得'低头'。这正是我最想告诉你的，永远别忘了。"

这一次在头上撞出的包让富兰克林终身难忘，他牢牢地记住了老师的教导，并将其列为了自己一生的行事准则之一。

民间有这样一句俗语："低头的是稻穗，昂头的是稗子。"越是成熟饱满的穗子，因为自身的重量与充实，头便越是低垂；相反，那些总是高高昂着头的穗子，实际上内里都是一片空虚。人也是如此，越是有内涵有本事的人，往往越是谦逊有礼；而那些喜欢炫耀，把头抬得老高的人，往往都没有多少真本事。

但凡是挑过重物的人都知道，想要长久负重前行，就得学会弯腰，如果总是站得笔直，那么身上所能承受的重量是非常有限的。人应有风骨，但更得会变通，能屈能伸才是大丈夫，敢于低头才是真勇者。要知道，忍辱才能负重，学会在恰当的时候弯腰和低头，才能帮助我们更好地生存，赢得机会，在未来实现高人一筹的抱负。

调整心态，人言并不可畏

在这个世界上，有人的地方就会有闲话，不管你做什么、怎么做，始终都会有人不满意，这与你本身做得够不够好关系其实不大，甚至可以说，大多数的闲话不过只是源自于人性中的某些劣根性罢了。

英国社会心理学家就曾指出，说闲话是人类独有的一种特性，这是无法阻止和控制的，是一种普遍存在的正常社会现象。因此，对于闲话，我们真正应该做的，不是想方设法去阻止，或委屈自己去迎合，而是应该学会选择性"失聪"。只要调整好自己的心态，你会发现，人言其实并不可畏。

刘女士在和出国工作的男友分手后发现自己怀孕了，因为不忍心伤害一条小生命，于是在生下女儿楠楠之后便成为了一名单亲妈妈。

在小城市里，未婚先孕这样的事情足以引起一些话题，因此在成长的过程中，刘女士和楠楠没少招来周围人的非议。在别人眼中，楠楠是没有爸爸的可怜虫，很多人怜悯她，也有不少人欺负她。尤其在上学之后，但凡是认识她的人，投向她的目光始终都带有些许不自然的色彩，有时还会在一旁窃窃私语地议论几句。

楠楠从小就是个敏感又内向的孩子，很多烦恼都习惯放在心里，不习惯和别人倾诉。由于常常遭到周围人的非议，楠楠一直承受着巨大的心理压力，有时甚至只要看到别人交头接耳，就总觉得他们是在议论自己。久而久之，楠楠的性格也更加内向自卑了。

刘女士很快发现了女儿的不对劲，事实上，在当年未婚先孕的时候，刘女士也一直承受着来自周围人的异样眼光和窃窃私语，因此很能体会女儿的感受。刘女士向来是个性子和软的人，也不喜欢与人争执，以前哪怕听到别人在背后议论她的事情，她也只当什么都不知道。但现在，女儿却逐渐成为了闲话的中心，为了女儿的健康成长，刘女士决定不能再假装什么都不知道。况且在刘女士看来，自己并没有做错任何事情，女儿就更加无辜了，虽然她和女儿的家庭和别人有些不一样，但这并不是什么错误或耻辱。

第二天，刘女士特意在公司请了假，把自己认真地打扮一新后去接女儿放学，她要陪女儿一起昂首挺胸地走一遍回家的路。

那天，刘女士一直面带微笑，拉着女儿的手慢慢地在街上走，但凡遇到有人向她们投来异样的眼光，或是窃窃私语，刘女士都会微笑着，坦荡地直视那些人打量的目光，直到看得对方觉得尴尬而转身离开。

在快到小区的时候，几个平时常常碰见但并不相熟的人向刘女士和楠楠投来了怜悯的目光，议论中还夹杂着对刘女士和楠楠的各种同情和感慨。刘女士大方地拉着楠楠走了过去，保持着得体的微笑，淡然地说道："大家好，虽然没怎么交谈过，不过你们应该认识我和女儿楠楠的吧？平时多谢各位照顾楠楠了，虽然家里只有我和楠楠，但我们生活得很好，谢谢你们的关心。"

刘女士坦荡的态度渐渐感染了女儿，原本一直低着头的楠楠也在不知不觉中抬起了头，脸上绽放出阳光般的微笑。接下来的几天，刘女士都亲自接楠楠放学，和她一起把这条路走了一次又一次。渐渐地，楠楠也变得开朗了不少，再遇到那些对她投来异样目光或窃窃私语的人，还会给他们一个微笑，或者大方地打个招呼。

人言之所以可畏，不是因为人言本身具有多大的力量，而是因为我们太过于在意他人的目光，画地为牢地给自己找不痛快。其实，面对那些流言蜚语，一笑置之也就行了，喜欢嚼舌根、说闲话的人，自己大概都不记得自己究竟说过些什么，我们又何必拼命记着给自己添堵呢？

纠结于痛苦的事情，那这事永远没完

人这一生中，总会不可避免地经历很多痛苦，而最可悲的是，很多时候，在面对灾难的降临时，人的力量总是如此渺小，哪怕拼尽全力，也无法挽回一些人、一些事。痛苦的经历固然可悲，但更可悲的是，经历过痛苦之后，我们的心却始终无法走出来，沉湎于痛苦之中无法自拔。

安先生和安太太有一儿一女，一家四口原本过得美满幸福。可谁也没有想到，有一天厄运会突然降临这个家庭。

那是一个星期天的下午，安先生和安太太原本计划带着两个孩子去游乐场，但安先生临时接到电话，必须赶去公司加班，于是只能取消这一全家出行的计划。

安先生患有头痛病，一直在服用一款液体的止疼药。接到公司电话的时候，安先生正在服药，因为事情紧急，便忘了把放在茶几上的药瓶盖起来收好，一直到临出门的时候，安先生才注意到打开的药瓶。这个时候，安先生已经穿好了皮鞋，便只站在门口大声招呼安太太，让她记得把药收起来，之后就匆匆忙忙去了公司。

巧合的是，当时安太太正好也接到了一个朋友打来的电话，向她哭诉最近遇着的糟心事，于是安太太便一边和朋友讲电话一边整理房间，一忙就把丈夫嘱咐的药瓶的事情忘记了。

就在这个时候，安先生和安太太的儿子被放在桌子上的药瓶吸引，大概以为瓶子里装着的红彤彤的液体是什么果汁，抓起来就往嘴巴里倒，把大半瓶特效药直接一饮而尽了。等到安太太打完电话，收拾好房间回客厅的时候，才发现儿子因服药过量早已经口吐白沫翻到在了茶几边的地板上，沙发上的女儿则呼呼大睡，完全不知道发生了什么事情。

虽然安太太立刻就把儿子送到了医院，但最终还是回天乏力。这个悲剧为原本幸福的家庭笼上了一层挥之不去的阴影，也成为了横在安先生和安太太心间的一根刺。虽然夫妻双方都没有说什么，但在心里却总是埋怨对方的。安太太愤恨安先生不把自己的药瓶盖好，而安先生呢，则怨恨安太太在家没有把孩子照顾好，才会导致儿子服药身亡。

虽然这段经历已经过去很久，但不管是安先生还是安太太却都始终放不下这件事，最终，在冷漠和埋怨中，安先生和安太太选择了离婚，美好的家庭就此破碎。而父母的感情破裂，也给他们女儿的成长带来了很大影响……

对于父母来说，失去儿子确实是件痛苦不堪的事情，但既然悲剧已经发生，那么无论我们如何懊悔，如何缅怀，如何责备，都已成定局，无可挽回了。悲剧让安先生与安太太在粗心大意中失去了挚爱的儿子，同时也把这对夫妻囚困在了这段痛苦的经历中。也正是因为他们一直纠结于这件痛苦的事情，才将原本充满欢声笑语的家庭一步步推向了破碎的边缘。更重要的是，在为失去的儿子痛苦不已时，他们还忽略了尚且年幼的女儿……

人这一生，活得都不容易，要记住，不想被痛苦的记忆所缠绕，就不要总是纠结于那些已经过去的苦难，否则痛苦是永远不会完结的。相比起身体上的伤痕来说，心灵的创伤往往更难治愈，如果不能摆正心态，去接受并面对这些伤痕，勇敢地从痛苦中走出来，那么总有一天，这些隐秘的伤口会发炎、流脓，甚至影响我们今后漫长的人生。

情商高，责备也是一种温柔

普遍情况下，男人之间闹矛盾要比女人之间闹矛盾容易解决。因为大部分男人闹矛盾，可能直接就上手开打；而大部分的女人闹矛盾，则主要是体现在语言攻击上。上手开打的，打完了相视一笑，还能一笑泯恩仇；语言攻击的，话说过了，却可能从此老死不相往来。可见，对人伤害最大的暴力不是拳脚，而是话语。

身体上的伤，养好了便可能不会再痛，可心灵上的伤，虽然看不见摸不着，却可能一辈子埋藏在灵魂深处。而人最容易出口伤人的时候，通常都是陷入不良情绪影响的时候，比如感觉到愤怒、受伤、悲伤、烦躁等等的情绪时。也正是这种时候，最能体现出情商高低的差异。

一位朋友在普吉岛某度假村担任英语翻译公关时发生过这样一件事：

一天下午，朋友在酒店大厅看到一位日本工作人员正满脸歉意地安慰着一个年纪不过四五岁的西方小男孩，小男孩似乎受到了什么惊吓，早已经哭得筋疲力尽了。

朋友走上去询问后得知，原来今天这位日本工作人员负责安排孩子上网球课，由于孩子人数较多，又都比较活泼，所以在网球课结束之后，这位工作人员带领孩子们返回酒店时竟算漏了一个孩子，也就是这个哭得筋疲力尽的小男孩，于是把他落在了网球场。

虽然后来在发现疏漏之后，这位工作人员立刻返回网球场带回了小男孩，但那段时间还是对他造成了惊吓，导致他哭得稀里哗啦，直到现在情绪也没能稳定下来。

就在这个时候，小男孩的妈妈赶过来了。

朋友说，当时他本以为这位妈妈可能会痛骂工作人员一顿，或者愤怒地带着孩子离开，投诉他们举办的"儿童俱乐部"活动。

可令人意外的是，这位妈妈并没有这样做。她蹲到小男孩面前，温柔而平静地告诉他："嘿，已经没事了，宝贝。你看，这位日本姐姐因为找不到你十分地着急，她并不是故意把你落下的，所以现在去亲亲她的脸颊，安慰她一下好吗？"

听了妈妈的话，小男孩渐渐停止了哭泣，抽抽噎噎地走到了那位一直蹲着安慰他的日本工作人员跟前，踮起脚在她脸颊上亲了一口，轻声说道："已经没事了，不要害怕。"

那一幕一直令朋友无法忘怀，那位妈妈的包容与温柔深深地打动了在场的所有人。情商高的人就是如此，连责备都能变成一种温柔。

人际关系的好坏程度与个人的情商高低是成正比的，情商高的人在人际交往中要比情商低的人更受欢迎，并且也更容易与他人建立并保持一段良好而长久的关系。因为情商高的人在情绪的控制力方面要比情商低的人强得多，即便陷入不良情绪，往往也能够更理智地做出应对，不容易在冲动之下"说错话"。

很多时候，人与人之间的争执都是从很微不足道的分歧开始的。比如两个人吵架，最开始的导火素可能仅仅只是争论究竟甜豆花更好吃还是咸豆花更好吃这样的问题，推动争吵持续发酵的，往往都是双方在争执中的口不择言，简单来说就是"话赶话"，闹到最后双方都下不来台，抹不开面子了。

所以说，在人际交往中，提升情商是门非常重要的课程。情商的修炼能够帮助我们更好地控制情绪，从而避免许多无意义的争吵，为我们建立良好的人际关系网络保驾护航。

张嘴前，先把"不对"改成"对"

有的人说话特别喜欢抬杠，不管别人说什么，他都要反对，哪怕他接下来的话实际上并未真的与对方的意见背道而驰。这样的人其实只是习惯了说"不对"，他们渴望通过这种否定别人的方式来凸显自己，殊不知，这样的结果只是让自己越来越不受人欢迎而已。

没有任何人喜欢被否定，不管对方的理由多么充分，见解多么独到，被否定的当事人心中的第一反应必然都不会太好。

我曾采访过一个学识特别渊博的教授，他是个非常和善可爱的老头，人缘非常好，但凡认识他的人，几乎就没有不喜欢他的。在和他交流的过程中，我发现他有一个特别美好的小习惯，那就是不管与他交谈的那个人说了多么令人匪夷所思的话，他的第一反应必然是诚恳地说一句："对。"然后指出他认为这些话中值得肯定的部分，之后才会逐渐铺陈开，讲述他自己的意见。

不得不说，这位教授的情商确实很高，也极其懂得如何说话。以他的地位而言，即便他直接提出反对和批判，大约别人也不敢说什么。但他非但没有如此，反而会先给予对方肯定，试想一下，这样一个学识渊博、地位崇高的教授，居然肯定了你的意见，虽然哪怕只是一小部分，但也足以令人受宠若惊了啊！

"对"，只是一个字，却在第一时间给对方留下了极好的印象，把对方拉入了你的"阵营"，从心理上首先攻克了对方。接下来，即便你再开始陈述完全不同的意见，想必有了先入为主的好印象之后，对方也不会产生太大的抵触心理，反而可能会认真考虑，甚至接受你的意见。

可见，在与人交谈时，如果你的期望不是与对方针锋相对，而是希望能说服对方接受你的想法和意见，那么在张嘴之前，就要懂得先把"不对"改成"对"，给予对方一定的肯定，博得对方的好感与认同，之后再陈述自己的想法和意见。

喜欢在交谈中无差别展现语言攻击性的人通常情商都不高，这样的人在人际交往方面必然也不会太顺利，因为他们很容易会在与人交谈时代入自己的主观情绪，并不受控地说出一些让人不甚愉悦的话。

有人曾问过一位成功人士："如果你很讨厌一个人，为什么还要用友好的态度去面对他？不会觉得这样做太世故、太虚伪吗？"

当时，这位成功人士是这样回答的："我讨厌一个人，那是我的私人情绪。在'讨厌'这种情感的作用下，他在我眼中可能做什么都是错的。但实际上，他自身并没有真正地做错什么。所以，我又怎么能因为自己的私人情绪就去迁怒一个无辜的人呢？"

这个回答大概是我所听过的最能体现高情商的一句话了。

每个人都有自己的好恶，都会受到情绪的影响和左右，但情商高的人却懂得控制自己的情绪波动，用理智而非情感去与人交流，让交谈的语言进退得当，不是一味退缩，也不咄咄逼人，而是在不知不觉中让对方接受你的意见，对你产生好感。

和高情商的人交谈是一件愉悦的事情，哪怕他们与你意见相左，也会在开口说"不对"之前先肯定你的"对"，让你如沐春风并心甘情愿地接受他的不同意见。所以，想要赢得良好的人际关系，成为受人欢迎的谈话对象，就赶紧收起那些无谓的好胜心吧，聊天不是辩论，从来不需要分出胜负。

第四章 魅力＝高情商＋会说话：
魅力与影响力总是成正比

我们认识一个人通常是从对方的外貌打扮、言行举止开始的。外貌打扮体现的是审美和品位，言行举止体现的则是内涵和教养。一个人的魅力，正是从这些方面体现出来的。尤其是在这个拼"言值"的时代，说话已经成为提升魅力的必修课，懂不懂说话、会不会说话直接决定了你的"社交地位"。

微笑是深藏心底的暖流

2008年举行的北京奥运会上，志愿者们的宣传口号是：微笑是北京最好的名片。

在人类各种丰富的面部表情中，微笑无疑是最能增进彼此好感，并向他人传达善意的一种表情。在奥运会上，以微笑来作为北京的门面，的确是个非常合适的创意。微笑所体现的，不仅仅是一种心态，更是一种对待生活的态度。

俗话说："伸手不打笑脸人。"一个常常对人微笑的人，哪怕没有靓丽的容貌，也必然不会让人觉得反感或讨厌。微笑和哭泣一样，都是会传染的，当你看到别人哭泣时，自然而然也会在悲伤的氛围中感到几分黯淡；同样地，而当你看到别人微笑时，自然而然也会在这种轻松惬意的氛围中绽放笑容。

对于人们来说，追求幸福和快乐是人性的一种本能，谁都渴望能够拥有一份美好的心情，因此，相比那些总是愁云惨淡、唉声叹气的人来说，人们显然更愿意和那些喜欢微笑的人相处，在明媚的笑容中感受阳光的暖意。

美国的希尔顿饭店堪称全世界最富盛名与财富的酒店之一，希尔顿的董事长唐纳·希尔顿认为，正是微笑为希尔顿带来了这样的繁荣，而希尔顿的微笑服务在酒店行业中也是非常出名的。

唐纳·希尔顿为什么会这样重视"微笑服务"呢？那还要从他年轻时候的一件事情说起。

在很多年之前的一天，有一位老太太前来拜访年轻的希尔顿董事长，正巧那个时候，希尔顿正在为工作上遇到的一些事情在烦恼，整个人都非常暴躁。秘书把老太太小心翼翼地引进办公室之后就离开了，毕竟谁也不知道，希尔顿董事长会不会迁怒突然拜访的老太太，把自己压着的火发出来。

事实上，在抬起头的那一刻，希尔顿董事长的确是想开口大骂的，但令人意外的是，当他烦躁地抬起头时，落入他眼帘的，却是一张温和友好的笑脸，那一刻，原本已经到嘴边的怨言却都说不出来了，甚至连那颗躁动不安的心，似乎也得到了某种抚慰。

希尔顿友好地邀请老太太就座，与她展开了愉快的交谈。在整个过程中，老太太脸上始终都挂着友好的微笑，她是那么慈祥和真诚，让人感到阳光般的暖意。不知不觉中，希尔顿也被洋溢在老太太身上的这种温暖轻松所感染，一直堵在胸口的烦恼也渐渐消散了。

正是那一次的经历，让希尔顿感受到了微笑带来的力量。从此之后，"微笑服务"便成为了希尔顿饭店的服务宗旨。不论到哪一个城市的希尔顿饭店巡视考察，希尔顿董事长都会问员工们这样一个问题："今天，你对客户微笑了吗？"

对于饭店的这种服务宗旨，希尔顿曾这样总结："微笑是最简单、最省钱以及最可行，并且也最容易做到的服务。更重要的是，微笑同时也是一种成本最低、收益却最高的投资。"

有人说过这样一句话:"生活如同一面镜子,你若是对它哭,那么它回报给你的便是眼泪;而你若是对它笑,那么它所回报你的必定也是笑颜。"微笑就如同藏在心底的暖流一般,可以温暖自己,也能够灿烂别人。

微笑吧,这不过是一个简单的动作,你甚至不须费吹灰之力便能达成,而它所能带给你的收益,必定远远超出你的意料。正如美国心理学家麦克道维所说的:"习惯面带微笑的人,通常比那些习惯紧绷着脸孔说话的人,在经营、销售和教育等方面都更容易获得成就。"

保持适当的空间,才是最亲密的距离

每个人都有心理上的"安全空间",针对不同的交往对象,这个空间的大小也会有所不同,但无论如何,这个空间都是不欢迎任何人进入的,若是因为距离太近而入侵到了对方的"安全空间",那么必然会引起警惕和反感。

人与人的交往就如同刺猬凑在一处取暖一般,距离太远无法达到取暖的目的,但距离太近,却又会刺伤对方。最好的距离就是不近不远,既能相互温暖,又不至于被彼此刺伤。这也是人际交往的一个关键,两个人的关系并不是越靠近就越好,懂得尊重彼此,保持适当的空间,这才是人与人之间最亲密也最舒适的距离。

俗话说:"距离产生美。"这并非是没有道理的,每个人都有不愿意被别人知道的秘密,自己的秘密若是掌控在别人手里,那么是无论如何都难以安心的，所以保持一定的安全距离是两个人建立长久交往关系的必然条件。而且，只要是人，就都会有缺点，保持一定的距离，可以让我们忽视掉对方身上一些无伤大雅的小缺点。若是距离太近，则如同拿着放大镜去观察对方身上的缺点一般。

如何掌控与人交往的距离，这一点在职场上更是尤为重要。不管你是领导还是下属，只要是在一个团队里，就不可避免地要和其他人建立关系，而这种关系是否融洽直接关系到了团队的凝聚力和配合程度。

林小安是个非常热情开朗的姑娘，刚大学毕业没多久，在一家金融公司的销售部门工作。

一个星期天的晚上，林小安和朋友去酒吧庆祝生日，打算离开的时候，突然看到自己的顶头上司刘岚也在酒吧的一个角落里喝酒。刘岚是销售部经理，大约三十四五岁的年纪，是个精明干练的女强人。毕竟是自己的上司，和朋友告别之后，林小安还是走了过去，打算和林岚打个招呼。

走过去之后林小安才发现，林岚是自己一个人在喝闷酒，而且已经喝了不少了，像是遇到了什么不开心的事情。虽然和林岚没什么私交，但一向比较热情的林小安还是坐了下来，关切地安慰林岚，和林岚聊天。

在酒精的作用下，林岚和林小安很快就聊在了一起，颇有相识恨晚的架势。林岚也把丈夫出轨而且要和她离婚的事情一一向林小安倾诉。喝到最后，林岚已经亲密地揽着林小安，一个劲儿地开始叫"妹妹"了。

经过那天晚上的事情之后，林小安觉得自己和上司之间的关系近了一大步，而且颇有种向着"闺密关系"发展的趋势。可没想到的是，第二天一大早去上班，当林小安热情地喊着"岚姐"和林岚打招呼的时候，却被林岚板着脸叫到了办公室。

之后没过多久，在公司人事调动的时候，林小安被调去了后勤部，后来她听说，这次调动正是她的顶头上司林岚主动向公司提出的。林小安怎么也不明白，自己究竟做错了什么。

林小安做错了什么呢？答案其实很简单——她越过了安全线，进入了上司林岚的"安全空间"。更重要的是，在进入这个"安全空间"之后，林小安不仅没有马上"出来"，反而还打算把双方的距离再拉近一步。

要知道，作为一个职场女强人而言，林岚并不愿意在别人，尤其是自己的下属面前展露自己脆弱的一面，更何况这还是有关她个人婚姻关系的不堪，否则林岚也就不会选择自己一个人去喝闷酒了。在当时，如果林小安没有因为自己的"热情"和好奇而去和林岚说话，或者在第二天就直接当作忘记了那件事，那么相信她也不至于被这么莫名其妙地"扫"出销售部了。

所以说，人与人之间，并不是越靠近就代表越亲密。最好也最令人舒适的距离，应是不远不近恰恰好。

学会倾听也是高情商的一种体现

一个真正高情商、会说话的人，不仅仅在于会"说"，更重要的还得会"听"。语言这种东西是非常有趣的，听一句话，有时不能只按照字面上的意思去理解，因为即便是一模一样的话，用不同的语气说出，或在不同的场景之下说出，含义都会有所不同。

很多缺乏交际能力，对社会上为人处世规则也不太熟悉的人，通常听人说话就只会从字面意思上去理解，这使得他们总是无法搞清楚谈话对象的真实意图。对于情商高的人来说，这种情况就绝对不会出现在他们的社交活动中，因为他们听人说话，从来都不会只听字面上的意思，而是懂得去琢磨无处不在的弦外之音，从而判断出说话者的真实想法。

文静乖巧的白晓芬是典型的小家碧玉，从小在父母的呵护下长大，从来没受过什么苦，单纯得像张白纸似的。

因为性格内向，白晓芬从小就不太爱说话，也没什么朋友，谈恋爱的事情就更不会有了。到适婚年龄之后，经人介绍，白晓芬和一个名叫李楠的人处了对象。李楠在银行工作，性格温和，长相帅气，条件算是相当不错的，白晓芬的父母对他也十分满意。

在两个人交往初期，因为工作缘故，李楠常常会因为临时要见客户而不得不中途结束和白晓芬的约会，白晓芬非常懂事，从来不会因为这些事情发脾气，也不会在李楠工作的时候为难他。对于这些，李楠一直觉得非常感动，对白晓芬也越来越好。可就在双方家里都以为二人好事将近的时候，李楠却向白晓芬提出了分手。

李楠的决定不仅让家里觉得很奇怪，就连当事人之一的白晓芬也根本搞不清楚，为什么他要和自己分手。白晓芬跑去质问李楠，结果李楠给出的理由只有四个字——无法交流。

李楠对白晓芬说："我和你真的没办法交流，因为你根本听不懂别人在说什么。就说前几天吧，你打电话问我说约会的事情，我当时告诉你刚见完客户，累得不行，一动也不想动。结果你根本没明白我的暗示，还继续跟我商量着在什么地方见面。以前我一直以为你是不太懂得体贴别人，后来我才发现，你是根本不明白我在说什么。只要我话说得含蓄一点，你就完全领会不到我的意思,我觉得这样挺累的。"

听完李楠的话,白晓芬也傻了,她根本不明白,为什么李楠想说什么不能直接一点,非要绕来绕去地让她猜,难道这样不会觉得很累吗?

李楠和白晓芬的确是不合适的,两个人连沟通都成问题,又怎么能做相携一生的伴侣呢?白晓芬是个单纯善良的女孩,但在与人沟通方面,她确实是存在问题的。在这个世界上,大多数人其实都像李楠这样,很多时候并不会直接把自己的想法表露出来,而是通过一些较为含蓄的方式去暗示对方,希望对方能明白自己的意思。

当然,白晓芬完全可以去找一个和自己一样直接又单纯的伴侣,但不可否认的是,只要她生活在这个社会上,就不可避免地要和周围的人打交道,所以,学会如何倾听他人话语的弦外之音,这绝对是人际交往的必修课。

说话是一门艺术,倾听则是一门技术。在社会交往中,如果你希望与他们建立友好相处的关系,那么就一定要掌握倾听这门技术,学会通过抽丝剥茧的方式,理解对方婉转话语背后的真实意图,从而尽可能地避免不必要的冲突。懂得倾听,这不仅仅是一种社交技巧,同时也代表了人与人之间的尊重和理解。

太阳同样有黑子,放过别人的缺点

严于律人,宽于律己,这是很多现代人身上都存在的毛病。如果一个人,总是对自己无限宽容,却不肯放过别人身上的一点缺点,那么这个人在人际交往方面必然也存在很多问题，而这一方面的缺失也注定这个人无法取得较大的成就。

《管子·形势解》中有这样一句话："海不辞水，故能成其大；山不辞土石，故能成其高；明主不厌人，故能成其众。"意思就是说，大海能包容每一滴水，所以才能形成宽阔无边的海洋；大山不会拒绝任何一块土石，因此才能堆砌高耸入云的陡峭；明君不会怠慢任何一路人才，故而才能招揽睥睨天下的大势。

在这个世界上，没有任何人是完美的，每个人都有缺点，但同样的，每个人也都有各自的优点。我们应该懂得包容他人的缺点，发现他人的优点。要知道，就连太阳都存在黑子，又更何况是人呢？

一个人想要成就大事，一定要做一个有容人之量的人，只有包容了别人，我们才能成全自己。个人的力量是有限的，团队的力量却是无限的。而只有包容才能促成合作，那些习惯单打独斗的人，即便付出双倍，甚至三倍的努力，都无法与团队的力量相抗衡。

有这样一个寓言：为了能捕捉到更多的猎物，森林里的动物们纷纷结成了"小团队"，打算通过分工合作来提升捕猎的能力。

野驴和狮子就是其中的一个捕猎小团队，为了双方的互利合作，它们还特意定下了一个条约，以此对双方进行明确的分工：野驴耐力强也跑得远，因此寻找食物的事情就落在了它头上；狮子有强大的爆发力，是天生的猎手，因此负责捕捉猎物的工作自然是由他负责。此外，作为百兽之王，狮子的地位要比野驴高得多，因此捕猎完毕后分配猎物的权力也交给了狮子来执行。

一开始，野驴和狮子的强强联合的确发挥了巨大的优势，但随着合作的加深，彼此也都慢慢暴露出了一些自己不为人所知的缺点：比如野驴的脾气非常差，经常一言不合就骂骂咧咧地顶撞狮子；而狮子呢，秉性霸道，而且十分骄傲，不管野驴说的有没有道理，在它看来，都是冒犯了自己的权威。渐渐地，这对搭档开始看对方越来越不顺眼。

有一次，野驴和狮子又发生了争吵，双方都非常不高兴，在分配猎物的时候，狮子便决定要趁机教训教训野驴，于是这一次，狮子把猎物分成了三份，然后霸道地说道："作为百兽之王，第一份自然应该是我的；在捕猎的时候，我是主力，所以第二份猎物自然也该由我来拿；至于第三份嘛，看在你稍微有点贡献的份上，我可以把第三份分一半给你。"

听了狮子的话，野驴又气又恼，冲着狮子骂骂咧咧一番之后愤怒地掉头走了。和野驴决裂之后，狮子很快吃光了猎物，独自展开了狩猎之旅。但因为没有了野驴的协助，狮子的狩猎过程并不顺利，又回到了过去饥肠辘辘的时候，这一刻它突然觉得很后悔，不该把野驴气走……

狮子拥有强悍的爆发力和战斗力，野驴则耐力超群，它们原本是最佳的狩猎拍档，一起合作能够让优势最大化。这本是一件双方都能得到好处的事情，但可惜的是，它们都犯了一个错误：严于律人，宽于律己。它们看不惯对方的臭脾气，却从来不懂得自我反省，这种缺乏包容的联盟，最终也只能不可避免地走向破裂。

人应有"海纳百川，有容乃大"的胸怀，只有懂得包容不好的，才有机会获得好的。就像太阳，如果你不能忍受太阳的黑子，那么你便只能失去温暖的阳光了。

情商高就是在适当的时候说适当的话

说话是人与人之间最重要的交际手段之一，人们喜欢和情商高的人交往，最重要的一点就在于，情商高的人通常都很懂得说话之道，明白在什么样的场合，面对什么样的对象，应该说什么样的话。懂分寸，知进退，与这样的人交谈，才能把话说得妙趣横生，让人意犹未尽。

口无遮拦是人际交往的大忌，不管什么时候，在说话之前，我们都应该首先考虑场合、对象等多种因素，确定自己将要说出的话是否和适宜，会不会给别人造成困扰和伤害。三思而后言，这样才能保持语言弹性，说恰如其分的话。

言辞如刀，运用得好便能成为帮助我们披荆斩棘的利器；而若是运用得不好，则会成为伤人害己的凶器。需要注意的是，哪怕是同样一句话，放到不同的场景中，都会带给人完全不同的感受。所以，无论何时，在话出口之前，一定都要记得自我审视一番。

林丹和王芳是一对好闺密，还在上学的时候，两个人就已经好得形影不离，毕业之后，两人又都在同一个城市工作，交情自然不必说。

和时下的年轻人一样，林丹和王芳的日常相处模式也是打打闹闹，相互调侃。比如许久不见面，好不容易见到了，一个总会说："哟，真没想到您老还活着呀！"而另一个也常常会反唇相讥："您老都还健在，我哪敢去偷懒呀！等哪天您老挺不住，我还得给你送花圈不是？"

对于林丹和王芳来说，这样的调侃已经成为了她们亲密打招呼的经典方式，反正她们也都没有什么忌讳，什么玩笑都能开得起来。

一次，林丹因为在出差途中遭遇交通事故住进了医院，那时候王芳正出国办事，回来后听说这件事就立刻跑去医院看望闺密。和往常一样，王芳一进病房就调侃起林丹来："哎呦，怎么还没死呢？害我白高兴一场，差点儿把花圈都给你订好！"

一听这话，林丹顿时就怒了，车祸的余悸还一直残留在胸口，堵得她一阵气闷，因此林丹并没有像往常一样对王芳反唇相讥，反而一脸悲愤地冲着王芳大喊道："你给我滚！你这个没有良心的东西！以后别再来烦我！"

看到林丹歇斯底里的样子，王芳也懵了，她根本不明白，平时都是这样打招呼的，可今天怎么林丹说翻脸就翻脸了……

王芳的打趣如果放在平时当然没什么问题，可林丹刚刚经历了车祸，劫后余生的她是非常敏感并且脆弱的，甚至还没完全摆脱死亡的阴影，在这时候，王芳的打趣就很容易伤害到对方了。话语还是那些话语，但因为场合的不同，意味便也就不同了。所以说，即便是最亲密的人，说话也要注意分寸。

语言是交际的一种工具，是人与人沟通的一种桥梁。我们说话，目的是为了准确表达自己的思想和看法，并且让对方接受它，要达到这一目的，除了考虑我们自己心中所思所想之外，还得学会考虑对方的情绪。有时候，一吐为快的确会让我们感到很痛快，但口无遮拦带来的后果却未必是我们能够承担得起的。

再深的交情，没有精心的维系和看护，也会有消磨殆尽的一天，当你总是一而再、再而三地用言语去触犯别人的时候，你所做的，便是在消磨与对方建立起来的交情。如果不想因为自己的言语失当而陷入孤立，不愿因为自己的口无遮拦招来祸患，那么就记得一定要管好自己的嘴巴，在适当的时候说适当的话。

诚信是人的一张脸，写着品德和操行

古人有云："言忠信而行正道者，必为天下人所心悦诚服。"纵观古今中外，那些但凡是能够取得某些成就的人，无一不是讲究诚信的人。正所谓"人无信不立"，诚信是我们取信于人的资本，也是每个人无愧于心的倚仗。

所谓"诚"，就是要实事求是，有一说一，有二说二，不夸大也不缩小；所谓"信"，就是要一言九鼎，说到做到，为自己许下的承诺负责。不管是为人处世还是建功立业，诚信都是最基本的前提和基础。

诚信就像是人的一张脸，上面写着你的品德和操行，它是你在社交中的第二张身份证，同时也时刻反映着你的社交资本数额。一个人如果总是谎话连篇，连基本的诚信都没有，那么又有谁会愿意相信他，真心与他结交呢？就像那个因玩心而高喊"狼来了"的孩子，一次次消耗着别人对他的信任，最终当面临真正的危机时，已经无法再取信于人了。

徐广福是一家生产电风扇的大型民营企业的老板，因为经济情况不景气，影响到电扇的市场销售量，导致很多货物都囤积在仓库里，无法回笼资金，让企业一度陷入破产危机。为了将这些囤积的货物尽快处理掉，实现资金的回笼和流动，徐广福在公司内部提出"悬赏"，承诺只要销售部门能在年底之前把囤积的电扇全部售出，那么就按照销售业绩，给予销售部门的员工1万到5万元不等的奖励。

徐广福的奖励措施一出，果然大大刺激了员工的积极性。通过销售人员的不懈努力，总算在年底之前售出了所有囤积的货物。任务完成后老板自然非常高兴，但此时企业才刚刚起死回生，如果真的按照之前的承诺给销售部员工发奖金，那么算下来也是一笔不小的支出，甚至都够给工厂换几台新机器了。因此，徐广福有些犹豫，经过再三思量之后，他认为还是应该为企业的长远发展做打算，于是便告知销售部门的员工，因为企业经营困难，希望他们能体谅，与企业共同携手渡过难关，奖金就暂时不发了。

可徐广福没想到的是，就是这样的一句话，让销售部的员工们大为失望，高涨的热情也冷却了下来，没过多久，不少骨干员工都纷纷离职，跳槽去了别的公司。刚刚缓和过来的企业形势也变得更加恶化。

承诺不难，红口白牙就能说，难的往往是兑现承诺。作为企业的老板、员工们的领导，徐广福却连实践自己的承诺都做不到，又怎么能指望员工再相信他、跟随他呢？或许在他自己看来，这样做有着充分的理由，是为了更长远的利益，但对于他人而言，不管拿出多少冠冕堂皇的理由，许下承诺却无法做到，那就是一种欺骗，而欺骗的结果只有一个，那就是让你的诚信完全破产。

诚信是一个人的品德，也是一个人责任心的体现。正所谓"小胜靠智，大胜靠德"，一个德行有亏的人，无论在生活中还是在职场上，都是无法令人信服，获得别人尊重的。想要取信于人，就得建立一个值得别人相信的形象，而诚信无疑正是这个形象所必须具备的品质之一。

所以，为人处世，一定要做到言出必行，没有把握的事情，就不要轻易许诺。相应地，一旦许诺，那就必须做到践诺，不管什么样的理由都不应成为你为自己开脱的借口。

不要忽视身体语言的魅力

人的语言有两种，一种是由口舌发出的有声语言，一种则是通过表情、眼神、肢体动作等所传递出来的无声语言。一个真正具有语言魅力的人，不仅会说话，把有声语言表达得淋漓尽致，而且还能在最合适的时候，利用身体的语言表达，来将语言的感染力和魅力推动到最大值。

身体语言的魅力是不容忽视的，甚至在有的时候，身体语言所传达出来的信息要比单纯的说话更加具有冲击力和感染力。比如在相爱的恋人之间，一千句一万句的"我爱你"或许都抵不过一个拥抱、一个亲吻来得震撼人心。此外，当有的想法和感受无法用贴切的话语来表达的时候，借助身体语言，往往能将这些想法和感受表达得更加传神。

一个有名的剧团要筹备一出新戏，并决定公开招募女主角人选。在一个多月的时间里，剧团导演面试了很多人，有刚毕业不久的大学生，也有小有名气的明星，但却始终没有找到他认为最合适的人选。

眼看排练就快开始了，导演和剧组的工作人员都非常着急，也十分担心。事实上，很多来面试的女演员个人条件都很不错，其中更是不乏容貌靓丽外形出色的面试者，而且有几位面试者念台词的功底也都相当深厚，流畅饱满，哭起来更是悲痛欲绝，十分专业。但导演却始终觉得缺少些什么东西。

在经历了又一天的失望之后，最后一位前来面试的女演员上台了，她是一名刚从表演学校毕业不久的女孩，长相气质都很出众，台词功底也很不错，但显然算不上所有面试者中最出色的。就在导演眼中浮现一抹失望的神色时，这个女孩正好念到了一段表达主角内心悲伤的台词，台词刚念完，台上的女孩突然捂着嘴转过身，背对着负责面试的导演，单薄纤瘦的肩膀微微颤抖着，仿佛在忍受着内心强烈的悲怆一般。

导演蓦然站起了身，激动地走向女孩，向大家宣布道："这就是我要找的女主角！就是这种感觉！真是此时无声胜有声啊！"

被导演选中的这位女孩不是所有面试者中最漂亮最出色的，也不是所有面试者中演技最好的，但她却聪明地在念台词的同时，利用自己的身体语言，将悲伤的情绪推动到了最高点，把剧本里的东西完美地呈现在了导演面前。正是这别出心裁的一瞬间，打动了导演，让她争取到了这个角色。这就是身体语言所展现出来的魅力。

在日常的交流中，有声语言只占据了信息传递的一部分，而另一部分的信息传递和情感表达，则都是由身体语言来辅助完成的。即便嘴里说的是同样一句话，配合上不同的肢体语言和举止动作，带给人的感受也会是截然不同的。所以，想要掌握语言表达的技巧，就不能忽视身体语言的魅力。

身体语言的运用和掌控是可以通过日常训练来进行提高的。比如我们可以对着镜子来练习自己的面部表情，找到最和善的微笑和最炯炯有神的目光，让最完美、最具感染力的表情成为一种习惯。此外，除了面部表情之外，站姿、坐姿、走路的动作，甚至举手投足的习惯等等也是非常重要的身体语言。

在练习身体语言表达的过程中，不妨多询问身边朋友的意见，毕竟语言是为了向别人传达信息的一种工具，旁人显然比我们自己更具发言权。必要的时候，也可以通过借助录像等方式，来对自己的姿态、动作等进行观察和纠正。如果你没有一个明确的概念或计划，不知道该从哪里开始来训练自己的身体语言，那么寻找一个合适的模仿对象也是非常可行的。

第五章 察言观色的情商修炼：
看得透，才能掌控话语权

在人际交往中，想要掌控聊天的话语权，不仅仅要巧舌如簧，更重要的是，你要能听得懂对方说话背后所表达的真正意思。同样的一句话，用不同的表情、动作、措辞说出来，所传递出来的信息便是天差地别的。所以，只有看得透，懂得剖析表象背后所隐藏的真实信息，才能真正成为聊天的主导者。

察言观色，洞悉表情背后的真意

人的表情往往比语言更诚实。毕竟人都是会说谎的，嘴巴说着"谢谢"，心里却可能满是不屑；嘴上说着"对不起"，心里却可能早把你骂得一无是处。当然，既然语言能说谎，表情自然也可以作假，但毕竟大多数人都不是演技精湛的演员，很难将虚假的表情做得惟妙惟肖，这比单纯的谎言要困难得多。

人的表情是由面部的五官来共同完成的，每个部位都能反应出人的情绪状态。以嘴唇为例，一些常规动作往往固定指向了某种情绪表达，比如：抿嘴唇通常代表了情绪的愉悦和含蓄；噘嘴则往往有撒娇耍赖的意味；咬唇则透露出思考和紧张的情绪。懂得察言观色的人，往往能够通过五官所表露出的细节进行抽丝剥茧，洞悉对方表情背后的真意，而这对于彼此双方的沟通和交流是大有裨益的。

何陆大学毕业之后进入了一家外贸公司做销售工作，带他的师父恰好是和他同一个大学的师姐刘安。刘安是公司有名的王牌销售，何陆一直非常崇拜她，而她也不藏私，常常带着何陆一起去和客户进行商务谈判，帮助何陆积累经验。

一次，刘安带着何陆去见一位公司的老客户，双方就新订立的合同条款逐条进行讨价还价。何陆注意到，在谈判的过程中，刘安一直仔细观察着对方的表情，但这位客户也是个商场"老油条"了，哪会这么轻易表露自己的想法呢？何陆学着刘安观察了客户半天，也始终没能看出个所以然来。客户实在太淡定了，不管刘安说什么，他都是一副面无表情的样子。

但令人惊讶的是，刘安却似乎会读心术一般，一边和客户侃侃而谈，一边不动声色地讨价还价，每句话都把握得恰到好处，很快就与客户签订了合同。

谈判结束之后，何陆好奇地问刘安："师姐，你怎么好像能知道他心里想什么似的？我都看那客户半天了，他是一个表情也没有啊！"

刘安笑着说道："表情是可以通过控制来进行伪装的，但其实只要仔细观察，就总能找到表情的'漏洞'。比如刚才那位客户，虽然看似一直面无表情，但其实我注意到，每次当谈到让他不满意的条件时，他的嘴唇都会抿得紧紧的。通过这个特点，自然就能简单判断出合同里的哪些条件让他觉得有所保留了。"

在聊天中，察言观色是一项非常重要的技能，懂得察言观色的人就像王牌销售刘安那样，从细节之处就能洞悉交谈对象内心的真实情绪。需要注意的是，虽然我们拿单一的器官做例子进行讲解，但在实际应用中不能只观察某一处的器官，而是应该综合全面地来对谈话对象的表情进行分析。

以下几种表情类型是较为常见的：

1. 快乐与悲伤的表情

人在感到高兴的时候，眉毛、眼角和嘴角通常都会有上扬的趋势；相反，如果人感觉到悲伤，那么眉毛、眼角和嘴角则会不自觉呈现出下垂的感觉。需要注意的是，不管上扬还是下垂，如果线条走向不自然，那么此时对方脸上的表情很可能是假装的，表演性质居多。

2. 自信与紧张的表情

一个人是否自信，看他的眼睛就知道了。自信的人目光通常都是笔直的，所有的表情都会随着眼睛的方向走。而缺乏自信，内心紧张的人则不同，他们的目光通常都透着胆怯与闪躲。在紧张的时候，额头通常会冒汗，因此擦汗也是一个人紧张时最容易出现的动作之一。

3. 愤怒与失落的表情

处于愤怒中的人眉毛往往会呈现出斜向上的趋势，如果发现他们的鼻翼鼓起来，那么一定要注意，他很可能马上就会做出一些激动的行为，比如骂人甚至出手打人等。而当一个人感到失落的时候，则通常会皱眉和叹气。

4. 吃惊与不满的表情

当人产生强烈的情绪时，五官位置常常会发生移动。比如眉毛突然上升则意味着此时对方非常吃惊，而嘴巴突然噘起，则意味着此刻他或许心中有所不满。

5. 遗憾与坦然的表情

当一个人在无能为力过后，坦然接受遗憾的结局时，他们通常不会哭泣或抱怨，而是在脸上保持最正常的笑容，眼睛微微眯起，透出淡然且豁达的感觉，或许有些许悲伤，但更多的则是一种"过尽千帆"的味道。

口头语能反映一个人的个性

一位著名的人类行为学家曾说过："人类有两种表情，一种是脸上所呈现的表情，另一种是说话时对方所传达的信息。"人类虽然会撒谎，但一个人的语言习惯，从某种程度上来说，是可以反映出这个人的个性的，尤其是那些出现频率较高的口头语，它们就如同心灵的"摩尔斯电码"一般，解答出来便能知晓深藏在人内心的秘密。

口头语是人潜意识的一种条件反射，看似是无意养成的习惯，但实际上却表露了人对某些事物的真实态度和看法，同时也在不经意间暴露了这个人的性格特点。比如一个人要是常常把"的确""不骗你""老实说"等等这样的话语挂在嘴边，那么说明这个人的性格比较急躁，总是担心被人误解或不信任，定性也比较差，很可能因为一些小事就产生动摇，受人蛊惑。再比如喜欢说"可能是"、"大概是"、"或许是"等等这样口头语的人，通常都具有极强的自我防备意识，不愿意也不会轻易透露自己内心的真实想法和态度。

可见，在谈话中，只要用心倾听，用心分析，抓住对方的口头语，就能在一定程度上了解对方的性格特点，从而投其所好地让谈话愉快进行。

作为公司的金牌销售，凯西是个非常擅长察言观色，洞悉客户内心想法的人。一次，她去见一位客户，与对方洽谈办公设备买卖的问题。到客户家后，凯西先向客户详细介绍了她所推销的产品，然后双方便开始交谈起来了。

在交谈的过程中，凯西敏锐地发现，这位客户在言谈之中常常会提到这样一个词——"听说"。比如"很多人都喜欢那款车，但我听说……""本来应该去那个地方的,但我听说……""早知道就早点过去那边了,可是听说……"这样的语言习惯让凯西敏锐地意识到,这位客户应当是个见多识广,但却缺乏决断能力的人。面对这样的客户,想要促成交易,就必须主动强悍一些,"逼迫"他做出决定。

于是,凯西一改之前进退得宜的态度,直接而强势地对客户说道:"这一套设备从设计上来说,绝对算得上是同类产品中的佼佼者,综合了许多大设计师的设计优点,价钱方面也十分合理。您是一位见多识广的人,这些东西不用我说,您一定也能看出来。这样吧,我私下里可以给您一个九折的优惠,您看行吗?"

客户听到这话,显然已经开始动摇了,凯西又赶紧趁热打铁地接着说道:"更换上这套新设备,工作效率至少会在原有基础上提高两个百分点。时间就是金钱,绝对不亏。这样吧,明天我就先把机器给您安排送过来,让您体验体验!"

话说到这里,客户也终于点头,一笔交易就这样促成了。

凯西能够在如此短的时间里与客户达成谈判,关键还在于她通过客户的口头语,成功预判对了客户的性格特点,从而有针对性地展开说服,直至取得成功。

口头语的形成看似随意偶然,但其实都是有迹可循的。我们每时每刻都在不停地接收着来自外界的信息,自然也包括一些流行语或口头禅。从表面上看,我们只能被动地接受这些语言信息带来的冲击和影响,但实际上,真正能给我们留下印象,甚至影响我们逐渐形成某种语言习惯的信息,都是潜意识自主"挑选"出来的,从根本上反映出了一个人最真实的性格。

声调，帮你揭开情绪和性格的帷幕

在这个世界上，每个人所拥有的声音都是不同的，不管是声线还是语调，都有各自不同的特征。声音主要包含音色与声调两个特点，其中，音色是天生就存在的一种生理性特征，而声调则通常是对内心性格及情绪的一种反应。

大多数人在说话的时候，声音通常都不会是单一的频率或调子，根据不同的需要和不同的情绪特征，声调都会受到相应的影响。可以说，通过音色可以识人，而通过音调则能够揭开对方情绪的帷幕。比如当一个人在说话时声音突然拔高的时候，表明他很可能在生气；而若是声音舒展，则意味着他可能心情不错；听到声音嘶哑，那便可能是哭泣带来的副作用。

世界上或许有两个长相一样的人，但却绝不存在一模一样的声音，每个人的声线和语调都有着独属于自己的个性。相应地，从一个人平时说话的声调中，也基本上能够反推出这个人大概的一些性格特征。

那么，声调究竟又是如何泄露一个人性格与情绪的秘密的呢？

1. 平稳沉着的声音

一个人说话的声音如果总是平稳而沉着，那么这个人最典型的性格特点必然是认真谨慎。这种人不论说话还是做事都信奉"三思而后行"，不会信口开河。由于性格认真，因此这类人在与人交流的时候，往往都会比较严肃仔细，发现问题通常会直接提问。在交谈中，当他们提出一些较为尖锐的问题时，请相信他们是真的抱着寻找答案的心态，而不是故意进行挑衅。

这类性格的人通常都很有责任感也很有耐心，不论做朋友还是做搭档都非常值得信赖。但相应地，他们往往也都很固执并且很主观，认定的事情很难被影响和改变。所以，如果不是志同道合，那么我们与这类人是很难和平相处的，除非你能用事实让他们心悦诚服。

2. 柔弱、缺乏底气的声音

如果一个人说话的时候总是畏畏缩缩，不敢大声，有时甚至让你没法听清楚，那么很显然，这个人很可能缺乏自信，存在较为明显的自卑心理。因为自卑和缺乏自信，因此这类人对于自己的想法和意见通常都没有信心和底气，对于别人的质疑也往往不敢予以反驳，有时甚至只要一个眼神，他们就会自动屈服。

虽然这样的人不免有些懦弱，但他们身上同样也存在不少值得别人欣赏的优点。比如这类人通常都非常谦虚，并且脾气很好，团队配合度较高。与这种类型的人接触时，最好能以鼓励和赞美的方式为主，这样不仅能够帮助他们重塑自信，同时也会让他们对你感激涕零，从而建立起良好的关系。

3. 尖锐而高亢的声音

有一类人，即便埋没在人群中，只要他一开口说话，就很难被人忽视，因为他们的声调总是尖锐而高亢，哪怕在吵闹的人群中也显得非常"出众"。这样的人总是希望能够得到别人的关注，而他们之所以总是毫不节制，甚至放纵自己的声音，为的其实也是引起别人的注意与重视，哪怕事实上很多时候，这种声音只会让人觉得刺耳和难受。

这一类人内心往往是比较虚荣的，在与这类人交往的时候，他们所说的每一句话你都应该做到心中有数，懂得自己筛选有价值的信息。当然，这类人通常也都非常容易讨好，只要给足他们面子，让他们的虚荣心得到满足，他们就很容易对你产生好感。

4. 轻快又洪亮的声音

声音轻快而洪亮的人性格通常都比较开朗外向，对人也非常热情。他们或许会比较敏感，但往往不会掩饰自己的情绪，心思较为单纯，有时说话甚至"不经大脑"，容易得罪人，但通常并没有什么坏心眼。

与这样的人交往是比较轻松的，不需要花费太多的心思去猜测防备。如果你需要一个可以深交的朋友，那么相信这类型的人不会让你失望，一来他们性格比较单纯，相处起来会比较轻松；二来他们通常都比较乐观开朗，与这样的人相处会比较容易收获好心情。

坐姿也能暴露有效的信息

一次，美国某大学的社会学教授们临时需要进行一项测试实验，需要召集一批学生来帮忙。但当时还处于假期中，学校里只有提前到校报道的大一新生，教授们只能从这些完全不了解的新生中挑选一部分人来帮忙。

对于这件事情，教授们很苦恼，毕竟对于这些新生，他们完全不了解，根本不知道如何从中挑选出有能力胜任的助手。就在这个时候，教授心理学的格林教授站了出来，拿出了一份他整理好的名单推荐给社会学的教授们。

一开始，教授们都很担心，觉得格林教授不经过任何的筛选和考核就随意指出这些人，这样的做法未免有些草率。但令人意外的是，通过一天的接触之后，教授们发现，格林教授所推荐的这些学生不仅非常聪明，而且都很谦虚又有耐性，完全能够胜任交给他们的工作。

有人很好奇，便私底下询问格林教授到底是如何从一群新生中选中这些学生的。格林教授微笑着回答道："要知道，但凡是能考入我们大学的学生，成绩都不差，因此在选拔人才的时候，成绩这一块基本上可以忽略不计。参与实验，我们最需要的是能够吃苦耐劳并且配合度高的助手，而性格太过自我又张扬的学生显然不大合适。之前新生们在礼堂听校长发言的时候我也在场，当时我就观察了一下他们落座时候的姿态，并对他们的个性进行了一些大概的分析，所以才记住了那些我认为性格特征比较符合实验需要的学生。"

当一个人突然改变某种持续的状态时，正是最容易流露本性的时候，在这个时候，他的行为举止和动作姿态往往会在无意中反应出这个人真实的个性和情绪。正因为这样，格林教授才能通过新生们就座时的动作和姿态，对他们的个性进行一个粗略的观察和预判。

不同的坐姿实际上往往暗含着不同的心理状态，比如在参加会议的时候，如果一个人坐姿端正，那么说明他很重视这场会议；如果坐姿松垮，甚至精神涣散，那说明这场会议在这个人眼中是可有可无的。

所以，不妨学着多仔细观察一下你的谈话对象，坐姿往往也能暴露出许多有用的信息。

1. 椅子坐一半

有的人在就座的时候，不管是坐椅子还是沙发，都只能坐靠前的一半，身姿往往也都较为笔挺。习惯这样坐姿的人大多是务实肯干的个性，不管对待任何事情都会非常认真严谨，注重绩效。此外，这类型的人往往都很有毅力和冲劲，是非常可靠的伙伴与搭档。

需要注意的是，在和这类型的人相处时，一定要态度认真严谨，不要轻易浪费时间说废话或开玩笑，毕竟这类人都很注重绩效，如果你总是浪费他的时间，那么必然会招致他的反感。

2. 双腿岔开坐

习惯双腿岔开"一屁股坐下"，占据整张凳子的人大多性格比较外向，善于交际，不论在哪里，他们总是能最快地和旁人打成一片。对于别人的请求，只要不过分，他们通常也都不会拒绝。

与这类型的人做同事是个不错的选择，因为他们会慷慨地给你提供不少帮助，而且与善于交际的他们相处也会比较愉悦。但如果做朋友或恋人，那么这类型的人或许会让你有难以掌控的不安全感，毕竟他们实在太善于交际了，社交圈子也往往比较大。

3. 手指的放置

在就座的时候，手指的姿势和摆放的位置也是最容易泄露情绪的缺口。比如在谈判的时候，如果你发现对方在落座时习惯性地把两只手指尖相对摆成尖塔状，那么说明对此次谈判，对方应该是胸有成竹的。如果在这个过程中，对方的手指动作较多或比较犹豫，那么说明此次谈判你会有很多争取的机会，因为此刻对方内心并不像他所表现出的那么坚定和有把握。

识别情绪表情，做善解人意的谈话对象

善解人意的人无论在哪里都是受人欢迎的，因为和这样的人相处，会让人觉得非常轻松愉快。善解人意不是一种天赋或气质，事实上，这是可以通过后天培养的一项"技能"。一个人之所以能做到善解人意，归根结底还是在于这个人善于观察，懂得通过人的动作或表情来识别对方的心理变化和情绪起伏。

在陈辉心里，妻子丽丽简直就是个"神人"，在丽丽面前，陈辉感觉自己好像是透明的一样，甚至不需要开口说话，丽丽就能明白他的所思所想。

比如有一个周末，陈辉公司原本要加班，后来因为一些事情临时取消了这个安排。正巧这个时候，陈辉的同学周强给他打了个电话，说以前的一帮老同学打算出来聚一聚。陈辉已经很久没见那帮老同学了，自然欣然应允。但他又担心丽丽不高兴，毕竟之前原本计划好周末要全家一起去踏青的，如果不是公司突然通知要加班，也不会取消这个计划。于是，陈辉便没有把这事告诉丽丽，反正她也不知道加班的安排临时取消的事情。

为了不让老婆察觉到自己撒了谎，陈辉连酒都没敢喝，回家之前还把自己从头到尾妥妥当当地检查了一遍，确定没有留下任何"线索"之后才进家门。

看到陈辉回来，丽丽关切地问道："怎么这么晚呀？累不累？饭吃过了没？"

陈辉心里一虚，但还是强装镇定地说道："嗯，累啊，稍微吃了点，我先去睡了。"

刚打算赶紧开溜，丽丽突然似笑非笑地看着陈辉，慢悠悠地说了一句："老实交代吧，今天到底去了哪里？"

"就……就……加班啊……"陈辉慌慌张张地说着，看都不敢看老婆一眼。

"哦，加班啊……"丽丽打量着陈辉意味深长地说道，"要不明天我打电话问问你同事小王？"

看着妻子早已洞察一切的目光，陈辉只得老实交代了一切，并满脸挫败地问道："老婆啊，你到底是怎么知道我没去加班的啊？你是不是在我身上装了窃听器啊……"

丽丽"扑哧"一声笑了出来："就你，还需要装窃听器？我一看你刚才摸鼻子就知道你肯定撒谎了！"

两个人相处久了，往往会培养起一种默契，只要一个眼神或一个动作，就能知道对方心里在想什么，之所以能有这种"心有灵犀"的情况，是因为每个人在情绪波动时，往往都会有一些习惯性的小动作出现，从而"泄露"了真实的想法。而相处得越久，或越是善于观察的人，就越是容易总结出这种"规律"，从而读懂对方的心思。

想要成为一个善解人意的谈话对象，我们就要懂得识别人的情绪表情，通常来说，情绪表情可以分为三个类别：

1. 语调表情

语调表情主要指的就是说话时的声调与节奏变化，比如说话声音的高低、语速的快慢和语气的强弱等等。不同的声调和节奏变化往往包含了不同的情绪反应。比如在惊恐时人往往会尖叫；而悲伤时则语调低沉，语速缓慢；气愤时往往会提高音量，说话节奏也相应变快等等。

2. 面部表情

面部表情很容易理解，就是五官所展现出来的表情状态，这是人类情绪表达最基本的一种方式。比如情绪快乐时会眉开眼笑，愤怒时会怒目而视，悲伤时愁眉苦脸，害羞时面红耳赤等等。通常来说，面部表情的表达是不存在文化差异的，哪怕语言不通，也能通过面部表情来识别对方的情绪状况。

3. 身体表情

身体表情主要是人在不同情绪下所展现出来的身体姿态和动作变化，这些同样是有迹可循的。比如在狂喜的状态下，人往往会手舞足蹈；而在遭遇悲痛时则可能捶胸顿足；感受到紧张时会坐立难安等等。弗洛伊德就曾说过："凡人皆无法隐瞒私情，尽管他的嘴可以保持缄默，但他的手指却会多嘴多舌。"而这里所说的手指，也是身体表情的一个方面。

看"腿"识人，性格就藏在坐姿里

一位澳大利亚富商参加了一个企业论坛交流会，并打算通过此次交流会，找一家有潜力的公司来进行项目投资。很多新兴企业的负责人收到消息之后都跃跃欲试，希望能得到这位富商的青睐，让公司业绩能够更上一层楼。

在交流会上，马宏和陈志这两位来自不同企业的融资代表幸运地被安排在了富商身边的座位上。马宏先一步来到了座位前，热情地和富商打了招呼后，一下坐在椅子上，挺了挺胸，便往后靠在椅背上。随后陈志也到了，礼貌地和富商握了握手，然后动作很轻地坐下，只坐了椅子的一半，之后便挺直后背，身体微微前倾，聚精会神地开始听交流会上各个代表的发言。

论坛交流会结束之后，富商在起身离开之前，突然问了陈志一句："您好，我想问一下，贵公司的员工们是不是都和您一样有风度？"

陈志一愣，片刻的惊讶过后认真答道："当然，不管什么时候，只要在工作中，我们公司的员工们都会拿出最好的精神状态。"

之后令人意外的是，富商很快和陈志所在的企业取得联系，敲定了项目投资方案。这一结果连陈志自己都相当意外，虽然他对自己的策划案很有信心，但他也很清楚，在这些众多的竞争者中，自己所在的企业绝对不是实力最强的。

后来，陈志私底下问过那位富商，究竟是什么原因促使他选择了他们公司。当时富商是这么回答的："在那天的交流会上，很多企业的策划案都做得非常不错。而我之所以选择你们公司，是因为你当时所表现出的举止行为让我体会到了一种难得的精神风貌，就连你的坐姿都传递着一种积极向上的精神，我相信能够培养出你这样员工的企业，一定不会让我失望。"

坐姿是身体语言中一种重要密码，不同的坐姿透露出的精神风貌也都是不尽相同的，通过一个人的坐姿，能在一定程度上反映出这个的性格特点和心理状态。尤其是坐下时腿的摆放习惯，可以间接地反映出这个人真实的情绪状态和心理特点。

1. 双腿分开的坐姿

双腿分开的坐姿是一种非常放松的坐姿，这意味着对方此刻的态度比较轻松，交谈也不会出现太大压力。喜欢这样坐姿的人通常性格都比较单纯开朗，容易相处。他们会成为很好的听众，并且善于获得别人的喜欢和信赖。

2. 双腿并拢的坐姿

双腿并拢的坐姿是一种呈现自我防卫动作的姿态，习惯这一坐姿的人性格通常比较内向，不太喜欢与人打交道，并且具有较强的防备意识。在和这样的人打交道时，若想拉近彼此之间的距离，最好采取鼓励的态度，帮助对方树立自信，从而完成有效的沟通。

3. 双腿互碰的姿态

一个人在坐着的时候，如果双腿不断互碰，那么说明此刻他很可能在进行着某种强烈的思想活动。如果一个人养成了这种坐姿习惯，那说明这个人必然是个思虑极重的，随时都在脑子里谋划着做人做事的方法与策略。

4. 双腿抖动的姿态

习惯在坐着的时候不停地抖动双腿的人，通常心思都比较单纯，心中不会藏太多烦恼或算计。与这样的人打交道通常是可以比较放心的，说话也可以直接一些，因为这类型的人思维模式通常都比较简单。但也正因为如此，所以他们遇事往往比较容易冲动，缺少冷静和耐性，如果与他们沟通时操之过急，则可能取得反效果。

5. 双腿叠放的坐姿

喜欢双腿叠放，也就是俗称的"跷二郎腿"的人性格往往较为沉着冷静，随机应变的能力也很强，即便在面对突发事件时也很少会自乱阵脚。这样的人虽然成熟稳重，但对自己的真实情感往往也都隐藏得比较深，想要得到他们的信任并不是一件容易的事。如果注意观察，你会发现，在现实生活中，很多领导者的坐姿都是这一类的。

提防那些喜欢指手画脚的人

有这样一种人，对别人的生活总是特别关心，不管什么时候都喜欢指手画脚，好像非得让别人按照他们的意愿去生活一般。这种人要么就是自视甚高，觉得自己太优秀，别人都不如自己懂道理；要么就是多管闲事，喜欢充当人生导师，以专家自居。不管是出于哪一种原因，这样的人都是不讨喜欢的，因为他们连最起码的尊重都不懂。

人们喜欢那些乐于助人的热心人，但绝不会对一个喜欢指手画脚的人产生好感。那些总喜欢插手别人生活，指挥别人干事的人，往往正是最不可靠的那种人。他们主观性极强，认为自己所说的一切都是对的，别人不听就是"不识好歹"，然而他们却永远不会为自己的意见负责，也根本不会真正设身处地地去考虑别人的实际情况。

赵玲和姐姐赵芳感情很好，赵玲可以说是赵芳一手带大的。

赵芳比赵玲大六岁，小时候父母工作忙，照顾妹妹的工作基本上就都落在了赵芳头上。赵芳从小就是个性子沉稳的人，虽然年龄也不大，但却把妹妹照顾得无微不至，甚至就连赵玲每天要穿的衣服，都是赵芳一件件给她熨好挑出来的。

或许正是因为从小就一手照顾妹妹，形成了习惯，所以即便在赵玲长大以后，赵芳也喜欢处处管着她，决定她应该穿什么衣服、吃什么东西、几点回家等等。就连当初高考填报志愿的时候，姐妹俩还因为意见不合而大吵过一架。当时赵芳希望赵玲报考师范，以后出来当老师，工作稳定，可赵玲却想读金融，以后去外企上班。

当然，最后在赵玲的坚持下，她还是报了金融专业。现在每次想到当时的情况，赵玲都还会感到一阵后怕，如果当时她退缩或妥协，听从姐姐的意愿去报读师范，那么今天她是绝对不可能拥有这份梦寐以求的工作的。

最近，赵玲又再一次和姐姐赵芳杠上了，原因是她新交了一个男朋友，是个快递员，赵芳觉得男方条件不好，坚决反对他们在一起，苦口婆心地劝说妹妹和他分手。赵玲觉得特别苦恼，一方面她不想让姐姐难过，但另一方面，她更不愿意连自己的婚姻都不能做主……

不可否认，赵芳所做的一切，都是以关心赵玲为出发点的，但这也不能改变赵芳的蛮横和自私。她总以自己的经验和意愿去揣测妹妹赵玲的生活，希望赵玲能按照她的意愿去过日子。可问题是，赵玲永远不是赵芳，赵芳认为好的，未必能让赵玲开心，赵芳认为对的，未必是赵芳的追求。

每个人都有选择自己生活的权力，开心与否也只有当事人自己明白。与人相交，尊重是前提，因此不要总是对别人的生活指手画脚，越俎代庖，这样只会给别人带来更多的困扰和反感。而且，那些喜欢指手画脚的人，也是永远不可能为你的决定所带来的后果埋单的。

所以，别把自己的事情寄托于别人身上，尤其是那些过分热情，喜欢指手画脚的人。当你处于迷惘与彷徨的时候，不妨让自己冷静下来，好好想一想，遵从自己的本心去做决定，至于别人说什么，那都不重要。生活是你自己的，过得好你受益，过得不好也只能你自己受罪。

当然，既然明白喜欢指手画脚的人有多么讨厌，那我们也当引以为戒，在与人交往时约束自己的行为，尊重别人的意愿和隐私，别成为那种喜欢干涉别人生活、令人厌烦的人。毕竟当你研究他人的行为时，别人也同样在对你的行为作出评判。

洞察人心，找准对方的关注点

陈菲是个非常文静的女孩，在银行做向客户推销理财基金的工作。她刚来的时候，很多人都不认为她能胜任这份工作，因为她实在太文静了，和传统推销者们巧舌如簧的形象完全相反。但令人讶异的是，就是这样一个文文静静不爱说话的女孩，推销的业绩却一直居高不下，成了银行的金牌理财基金推销员。

很多同事私下里都向陈菲请教过她的推销秘诀，陈菲倒也从来不藏私。

她表示，推销基金，最关键的一点不是让客户知道这个基金有多好，多能盈利，而是要让客户感到，这个非常适合他，他需要这份基金。要实现这一点，推销员就必须了解客户的需求，并且清楚他们能够承受的投资额度范围。

因此，在和客户沟通的过程中，陈菲会通过一些问题来测试客户的反应，比如询问客户："您有兴趣了解一下XX基金吗？它的投资回报率是……投资下限为XX万元……"

在询问类似这样的问题时，陈菲会很仔细地观察客户的反应，如果客户表现得兴致缺缺，那么说明对于这个价位和回报率范围的基金客户没有任何兴趣，那么在之后的推荐中，她便会直接略过与之相似的产品。通过这种方式，只需要几个问题，陈菲就能很快了解客户的需求，从而向客户推荐能够让他真正心仪的产品。

不得不说，陈菲的确非常聪明。很多推销人员在向客户推介产品之前，通常会询问客户诸如"您有什么要求""您的预算是多少"或者"您的理想价位大概在什么范围"此类的问题，但实际上，很多客户并不喜欢回答这样的问题，一来很多人其实都很反感别人打听自己的财政；二来客户对自己所打算购买的产品未必了解，因此无法给出一个准确的答案。

陈菲与其他人不同的一点就在于，她迂回地使用了一些容易回答，且不容易让客户产生防备心理的问题，旁敲侧击地收集到了她所需要的信息，然后再向客户发起"攻势"，直接把适合他们、并且他们很可能会感兴趣的产品拿出来。

可见，谈话这回事，不在于你说了多少话，而是在于你能不能抓住重点，从而快、准、狠地切入主题，从而打动对方。而要做到这一点，你就必须学会洞察人心，了解与你谈话的对象的关注点究竟是什么。那么，我们又该如何来寻找到对方的关注点呢？

1. 在谈话中留意对方喜欢说什么

每个人大概都有这样的体验，当喜欢一个东西的时候，总会不自觉地把它挂在嘴边。所以，想要知道你的谈话对象对什么感兴趣，关心什么样的信息，其实只要留意他的言谈，仔细倾听他喜欢谈论什么就知道了。

2. 注意对方强调的重点

男性与女性因为个性的不同，通常在话语表达习惯上也是有所不同的。男性通常比较直白，喜欢有一说一、有二说二，因此和男性交流的时候，你会更容易发现他们的意图，领会他们在言谈中所强调的重点；女性则不同，通常女性都不喜欢太直白地表达自己的情绪或情感，比如当她们说"非常好"的时候，通常意味着她们满意极了；而她们说"还不错"的时候，其实很可能她们内心并不太满意，只是为了照顾你的情绪，在这种时候，你不妨主动询问她们，看看自己还有什么地方可以改进。

3. 探测对方的接受程度

在谈话中，每个人都有各自不同的底线。当我们与谈话对象交流某一个话题的时候，如果他愿意透露比较多的信息，甚至有些滔滔不绝，那么很显然，对于这个话题他们是很愿意接受，并且有兴趣的；相反，如果他们只愿意说到某一程度，再深入便不想多谈，甚至露出厌恶的神情，那么就要注意了，这个话题很可能"越线"了；如果对方没有特殊的表现，不抵触也没有过多的热情，那么说明这个话题虽然没有引起他过多兴趣，但至少还在接受范围之内。通过探测对方对某些话题或意见的接受程度，我们就很容易找到他们的"重点"了。

读懂暗示，才能明白怎么说话

　　高情商的人之所以更会说话，有一个很重要的原因在于，他们通常更懂得如何精确地解读他人的情绪，通过他人的肢体、语言、表达、表情等因素来看透对方的真实想法，从而更好地做出应对，更有效地在沟通中表达出自己的想法和意愿。

　　人是一种天生就会撒谎的动物，一个人微笑时心中未必就是真的开心，而一个人说"是"时，心中未必就不曾装着"否"的答案。想要在谈话中占据主导地位，我们就得学会读懂暗示，了解对方的真实想法，否则很可能会因"会错意"而让谈话陷入尴尬的境地。

　　记得曾经参加过一个饭局，参与者有彼此相熟的人，也有仅仅只是认识，甚至从未见过的陌生人。在饭局上，一位认识但不太相熟的女性滔滔不绝地谈论起了自己的儿子，朋友就坐在这位女性身旁，因此这位女性自然而然地就热情地和朋友谈论起了育儿经。

　　朋友很喜欢孩子，但因为身体原因，所以她很可能永远没有成为母亲的机会。几位比较交好的朋友都知道这个情况，但又不方便直接打断那位热情女性的讲话，于是便数次试图插科打诨几句，以此来转移话题。可惜根本无济于事，那位女性依旧喋喋不休，甚至还笑眯眯地问那位朋友："你家孩子今年多大了？"

　　朋友有些失落，自嘲地笑了笑说道："我哪有这种服气，有那么可爱的孩子。你瞧，你家孩子都能打酱油了，可我的孩子还不知道在什么地方呢！"

　　原本以为话说到这个份儿上，即便不明白究竟怎么回事，这个话题也该就此打住了。可没想到的是，那位热情的女性却毫无所觉，还催促道："哎，那你赶紧生吧！这女人一过 30 岁，那就迈入高龄产妇的门槛了，对你和孩子都不好。我看你跟我差不多大吧，三十几了？真是耽搁不得了！"

当下气氛变得很尴尬，最后朋友连饭都没吃完就借口有事离开了。

诚然，那位女性的谈话并没有什么坏心眼，但不得不说，她的无心话语却给朋友造成了极大的伤害。这就是为什么人们通常不太喜欢和那些情商低、不懂察言观色的人交朋友的缘故，很多时候，你即便知道他们没有恶意，却也很难不被他们的"无心之言"刺得遍体鳞伤。

要知道，很多时候，人们不愿意直接表露自己的真实意愿，可能只是不想让双方都陷入尴尬，所以往往会在语言中夹杂一些暗示来给对方传递拒绝或接受的信息。比如当一位男士询问一位女士："下班后一起吃饭怎么样？"

我们可以来对比女士两种不同的回答所夹杂的暗示信息：

第一种回答："我大概要 8 点左右才下班，太晚了吧？"

第二种回答："我大概要 8 点左右才下班，应该不算晚吧？"

乍一看两种回答所透露的信息似乎没有什么差别，但实际上，两种不同的表达方式已经传递出了女士真实的态度。

"太晚了吧"——看上去这似乎是一个问句，但实际上，这个问题所暗示出来的信息却是："是的，太晚了，所以还是不去了。"

"应该不算晚吧"——也是一个问句，但这个问题的肯定回答与上一个答案却是截然相反的："是的，不算晚，所以可以去。"

语言的有趣之处就在于此，你可以将自己的意愿藏在肯定的回答里，向对方委婉地传递接受或拒绝的暗示，避免了双方意见直接碰撞的尴尬。当然，即便与你谈话的对方没能读懂你的暗示，至少也能"缓冲"一下。

第六章 语言的情绪和"温度"：提升快乐情商，把话说得更好听

　　语言是有"温度"的。它可以像烈火一般让人情绪激昂，可以像寒冰一般令人心生畏惧，也可如春风、如细雨，让人感到安宁与平和。而语言的"温度"往往是由内心的情绪所决定的，所以，要学会让自己快乐，当内心充满积极正面的情绪时，说出来的话自然也就更加悦耳动听了。

好的话语，可以为心灵加温

拳头可以伤害人的身体，语言则可以直击人的心灵。情商高的人之所以能拥有好人缘，正是因为他们在与人交往时懂得怎样说话才能让别人听得舒心，从而更好地接受自己的意见与看法。因此，与高情商的人交往绝对是件令人心情愉悦的事情，你永远不需要担心彼此落入尴尬的境地，也不需要担忧对方说出让人进退不得的伤人话语。

有的人总是把高情商与虚伪、圆滑画上等号，但实际上二者之间是完全不同的。一个虚伪、圆滑的人会为了获得某些利益而说出违心的语言；而一个高情商的人则会为了考虑他人的立场与心情，用更容易让人接受的方式来表达真实的意见。这就是二者之间的根本差别。

语言是有温度的，而这种温度正是来自于人的心灵。一个心中有温暖、懂得为他人考虑的人，说出的语言同样也是温暖的，能够给别人的心灵加温。同样的一句话，可以说得让人不堪入耳，但也能说得让人如沐春风，既然如此，为什么不用后者的方式来诉说，让彼此之间的沟通与交流更加温暖和顺畅呢？

蒋英是个刚从大学毕业进入社会的职场新人，她所在部门的顶头上司是个为人刻板要求极其严格的女经理石小姐。石小姐是公司的元老级人物，在公司里也算说得上话的人，因此即便是其他部门与她同级的经理，对她也都多了几分尊重。

毕竟刚进入职场不久，加上本身性格也开朗活泼，所以即便在公司，蒋英也都表现得要比其他同事活泼一些，有时难免会显得有些"不靠谱"，因此，她每周几乎都会被石小姐拉去办公室训一顿，常常憋闷不已。

蒋英的表姐知道她的情况之后，便给她出了个主意："我觉得你那个上司石小姐不是什么坏心眼的人，只是性格比较严肃，所以才会对你的某些做派看不顺眼。而且她虽然教训你，却从来没在工作上给你下过绊子，可见她是个公私分明的人。以后你就多说点好话，多在背后夸夸她，你们的关系一定会改善的。"

听了表姐的建议之后，蒋英在同事面前开始经常说石小姐的好话，称赞她是个有责任心的领导，工作能力一流。每次石小姐训斥完蒋英之后，她也会诚挚地反省自己的错误，并感谢石小姐对她的指点。果然，渐渐地，两人的关系有了很大改善，蒋英发现石小姐身上的许多优点，而石小姐有时也会对蒋英表示称赞。

到年底的时候，蒋英不仅顺利度过了试用期，并在石小姐的推荐下成为了公司第一个升职的新职员。

人与人之间的关系是相互的，你愿意用友好的态度和美好的话语去与人结交，自然也能收获相同的善意。俗话说："好话一句三冬暖，恶语伤人六月寒。"好听的话就如同拂面而来的春风一般，总能让人心情舒畅，温暖如春。

语言的温度来自于人性的温度，一个懂得体谅他人，为他人考虑的人，必然不会随随便便就说出伤害人的话语。心怀善念时，口中自然能吐善言。更重要的是，语言的力量是双向的，当你总说一个人的好话时，不仅能让听到的对象感到开心愉悦，更重要的是，说得多了，这个人在你心中的印象也会变得越来越好。

说话这件事其实真的很简单，不需要花费多少力气，就能说出不少流畅的句子。所以，不妨多说些好话，好的话语能够温暖他人的心灵，也能够让自己变得越来越豁达。

拥有积极的心态，才能说出温暖的话

看过这样一个故事：

一位在战场上受了枪伤的士兵，在退役之后返回了家乡。那颗敌人射入他身体里的子弹已经被医生取出来了，但受伤的阴影却始终徘徊在他的心头。

回到家乡之后，士兵逢人便要讲述自己在战场上受伤的事情，并且一遍遍把伤口剥开，好让大家看到他伤得有多重。人们纷纷劝说他，让他好好保养伤口，并且不要再去回忆那时的伤痛了。然而士兵却依旧固执地做着这些事情，丝毫不理会别人的劝说。

终于有一天，士兵被人发现死在了自己的家中，死因是伤口感染。所有人都知道，士兵的伤口原本早就应该养好了，可是他却一直不停地继续伤害着自己，所以，真正让他走向死亡的并非是这个伤口，而是从来不曾放过自己的他。

人如果经常重复一个动作，那么久而久之，这种动作可能就会成为习惯；而人如果总是反复回忆，那么久而久之，就会加深回忆，不可自拔。在人类所有的情感之中，痛苦总是比快乐更加印象深刻，因此，很多人在拥有一段痛苦的经历后，哪怕事情已经告一段落，在情感上却总是难以摆脱的。然而，如果不能用积极的心态去面对，去战胜痛苦对我们造成的影响，那么终究有一天，我们会被自己的情感所击溃。

重复痛苦并不能缓解痛苦，反而只会让我们不断加深对痛苦的印象和感受。就好像一道伤疤，不去触碰，好好擦药，终究会随着时间结痂、掉落，即便不能恢复如初，至少也不会再带来刻骨的伤痛。但如果我们总是忍不住去揭开这道伤疤，那么不管多久，它都是不可能痊愈的，反而可能会因为反复的伤害而造成伤口感染、流脓，无法愈合。

人这一生会经历很多事情，随着年龄的增长，阅历的丰富，无论是痛苦还是快乐的回忆也都在相应地增长、堆积。而饱经沧桑过后的人通常有两种截然不同的状态：一种在历经沧海桑田之后便只余云淡风轻，过往的一切沉淀于回忆之中，不会刻意提起，但即便触动，也不会再次沉溺；另一种则像故事中的那个士兵一样，恨不得将自己受过伤、挨过的痛一遍遍地展现在他人面前，寻求安慰与同情，并沉溺于自怜自艾的情感中不可自拔。

我们周围总是不乏像后者这样的人存在，他们喜欢诉说自己的伤痛，习惯抱怨生活中的一切不如意。这种人往往是刻薄的，对于别人的好运，他们总是看不过去，甚至常常口出恶言，加以恶意的揣测。

和这样的人在一起是非常痛苦的，他们的心中总是充斥着负面情绪，而他们口中所说出来的每一句话，也都会因这些负面情绪的影响而变得恶毒又难听。情绪是一种传染病，当你听到别人哭泣时，通常也会感到悲从中来；当你看到别人明媚的笑颜时，往往嘴角也会不自觉地上弯。同样，如果一个人在你身边，却总说着恶毒的语言，那么在他的影响之下，你的情绪和心态也会变得越来越差。

正所谓"言由心生"，一个心态积极的人，说出来的话总是温暖的，交谈中总能让人如沐春风，心情愉悦；相反，一个心态阴暗的人，说出来的话往往也都是冰冷而刻薄的，与他交谈，只会让人感到沉重压抑，痛苦不堪。

所以，不管你的人生遭遇了什么，都请记住，学会告别痛苦，不管是找人倾吐，还是以其他的方式转移自己的视线，甚至于另起炉灶，开始新的生活。只有学会用积极的心态去面对未来，人生才会迎来好的转变；也只有让心中充满希望和阳光，才能说出温暖的话，收获别人真诚的喜欢与亲近。

快乐是情绪，更是情商

古代学者阿维森纳曾做过这样一个实验：他将一胎所生的两只小羊分开，放在截然不同的环境中进行饲养。一只小羊在肥沃的草地上，安全又快乐地生活；另一只小羊虽然也在肥沃的草地上，但在距离它不远的地方却拴着一只狼，虽然这只狼无法挣脱绳索真正伤害到小羊，但它的獠牙，它每一次的攻击和威胁，依旧让小羊恐惧不已。结果不久之后，总被狼"恫吓"的那只小羊因为太恐惧而无法正常进食、生活，不久便死去了。

无独有偶。有心理学家也曾做过一个与之类似的情绪实验，他们将一只饥饿的狗锁在笼子里，却在笼子外面，当着它的面给另一只狗喂肉骨头吃。这一刺激让笼子里的狗狂吠不止，愤恨不已，产生了神经症性的病态反应。

可见，负面情绪所带来的强大破坏性是非常可怕的，不管什么生物，长期处于不良的情绪状态，不管是对心理还是对生理健康都非常危险。人也是一样，不良情绪对人的身心健康都有极大的破坏作用，我们必须懂得如何摆脱不良情绪的困扰，从而尽可能避免不良情绪给我们造成的伤害。

有人可能会说："我并不是不想高兴快乐，只是生活实在太残酷，从来不给我好事情，我又怎么快乐得起来呢？"这种说法乍一看似乎很合理，但事实上，你的快乐与否，真的完全取决于生活给你的际遇吗？当然不！

富甲天下的有钱人中，得抑郁症的不在少数；每天为生活奔忙的穷人里，也不乏总能笑口常开的。身体健康的人中，总有把日子过得唉声叹气的；卧病在床的人里，也总不乏那些心态豁达，笑对生死的。所以说，一个人快乐不快乐，固然与他的遭遇不无关联，但同时也并不是完全由命运所决定的。快乐是一种情绪，但更是一种情商。

不懂快乐的人，哪怕把全世界所有的珍宝捧在眼前，他也总能找到痛苦的理由；懂得快乐的人，哪怕一穷二白地坠入尘埃，也总能在心间开出幸福的花朵。这个世界上很多事情都存在两面性，能不能接受，主要取决于你看待事情的角度和你的心态。

曾经看过这样一个很有名的哲理故事：一位老太太有两个女儿，大女儿家是卖雨具的，二女儿家则是开染衣店的。每次一到天晴的时候,老太太就会很忧心,发愁天这么晴朗,万一大女儿家的雨具卖不出去该怎么办。而等到了雨天的时候,老太太依旧还是很忧心,发愁这天天下雨,二女儿家染的布晾不干怎么办。

老太太的邻居是个非常聪明的人,他听说了老太太的烦恼之后,便对她说:"为什么你不换个角度想想呢?天晴的时候就想着,天晴真好,二女儿家染的布能很快晾干;下雨的时候就想着,下雨真好,大女儿家的雨具一定卖得很好。这样,你的烦恼不就解决了吗?"

听了邻居的话,老太太豁然开朗。从此以后,果然无论晴天还是雨天,她都笑逐颜开。

瞧,快乐其实并不难,它一直都在我们身边,很多时候,我们之所以不快乐,不是因为我们的遭遇比起别人有多么凄惨,也不是因为我们身边发生的事情比起别人有多么倒霉,而是我们总习惯盯着眼前的不完美,却忽略了隐藏在每一个不完美背后的美好和快乐。

所以说,快乐不仅仅是情绪,更是情商的体现。情商高的人懂得如何战胜自己内心的消极情绪,在悲观与失望之中寻找乐观与希望。因此,不管遭遇什么样的事情,情商高的人总能尽快调整好自己的心态,以一颗快乐豁达的心去面对生活,面对挑战!

抱怨是种传染病,让生活越来越乏味

在所有的语言中,最无用也最令人厌烦的就是抱怨。然而在生活中,我们却每天都能听到各种各样的抱怨,从天气不好,到停车费太高;从同事不好相处，到老板小气抠门；从邻居没有礼貌，到朋友不讲义气……总而言之，无论何时何地，人们似乎都能上演一场场关于抱怨的表演，乐此不疲。

抱怨就像是一种传染病，只会让生活变得越来越乏味。不好的事情不会因为抱怨而有所改变，相反地，抱怨只会一遍遍让我们加深对事情的恶感，让我们一遍遍体会失败所带来的打击与伤害。

语言是一种非常神奇的东西，有着暗示的魔力，一个谎言，说上千遍万变之后，哪怕再天马行空，也会对我们造成一定的影响，甚至让我们不由自主地相信，并因之而动摇。这也就是为什么很多励志大师在向人们讲授成功学的时候，总会提到，让学员对着镜子给自己加油打气。而抱怨同样也具有这种力量，当你不停地抱怨生活的不如意和不完满时，哪怕现实并没有你所说的这么不堪，在天长日久的暗示之下，也终究会磨掉你对生活的热情与希望。

所以，高兴也好，难过也罢，幸运也好，不幸也罢，不要总是一直抱怨，这不仅没有任何意义，反而只会让你越来越艰难，越来越痛苦。

德怀特·戴维·艾森豪威尔将军是美国历史上唯一当上总统的五星上将，他的一生堪称传奇。他是一个平民之子，甚至称得上是美国历届总统中的"第一穷人"。

艾森豪威尔在年轻的时候，有一次吃过晚饭，他在家里和几个朋友一起玩纸牌。那天晚上，他的运气非常差，一连好几把拿到的牌都糟透了，以至于连一局都没能赢，心情难免受到一些影响。于是，当他又一次抓了一手烂牌之后，艾森豪威尔彻底愤怒了，开始大声地抱怨上帝不给他好运气。看到儿子失态的样子，艾森豪威尔的母亲走了过来，严肃地对他说道：

"如果你还打算继续玩，就收起那些抱怨之辞，不管拿到的牌是好是坏，都认真地玩下去！"

听到母亲的话，艾森豪威尔愣住了，这时，母亲又接着说道："不管是玩牌，还是你的人生，其实都是如此。你无法控制会抓到什么样的牌，而你唯一能做的，就是尽力把它打好，让它达成最好的结果。"

那一晚，母亲的话一直铭记在艾森豪威尔心中，许多年过去了，不管遭遇了什么，他对生活都不曾有过任何抱怨，始终以积极乐观的态度去迎接挑战，并在战胜一次次的困难与挫折之后，写就了自己一生的传奇。

抱怨是人类最软弱也最无力的反抗，命运不会因你的抱怨而给予你厚待，人们也不会因你的抱怨就向你靠拢。相反，你越是抱怨，便越可能让你的生活陷入泥淖，永远也爬不出来；你越是抱怨，便只会把周围的人越推越远，最终只留下自己在痛苦和怨怼中挣扎。

人的同情心是有限的，没有谁会无休止地对你散发自己的善良。就像鲁迅先生笔下的祥林嫂，当遭遇痛苦时，一次两次的抱怨或许能得到他人的垂怜，但如果反复强调痛苦，自己却不做任何实质性的抗争与改变，那么当周围人的怜悯被消磨干净之后，你的抱怨只会成为别人避之不及的"病毒"。

所以，无论何时都请记住，哪怕生活欺骗了你，哪怕世界辜负了你，都不要浪费无谓的时间与精力去抱怨，这个世界上唯一能够抗争命运，改变生活的，就是行动。别让抱怨这种"传染病"把你的生活越变越乏味，越变越绝望。

善意的谎言，温馨的世界

　　曾看过一个十分有趣的短片，名为《谎言诞生之日》，讲的是在人类还没有学会撒谎之前，人与人之间只用实话来进行沟通的故事。因为那是一个没有谎言的世界，每个人都只会说真话，于是各种争吵斗殴的事情常有发生，即便在大街上，也时常看到人们一言不合就开打的场面。直到有一天，第一个人学会了撒谎，于是谎言开始如同瘟疫一般蔓延开来。有趣的是，当世界有了谎言之后，却比从前要和平得多。

　　人们总是厌弃谎言的，毕竟谎言就意味着欺骗，而这个世界上，恐怕没有任何人会喜欢被人欺骗。但我们却也不得不承认，这个世界是需要谎言的，在某些时候，正因为存在那些充斥着善意的谎言，才构筑起一个温馨的世界。

　　不少心理学家都曾指出过："一个没有谎言的世界会变得很冷酷。"确实如此，试想一下，如果这个世界再也没有谎言，就如同在那个短片中一样。当 A 兴致勃勃地穿着新买的裙子问 B 好不好看，B 却毫不留情地把那裙子甚至包括 A 的身材贬低得一无是处；当 C 兴致勃勃地把刚学会做的饼干送给 D 尝一尝，D 却无比嫌弃地把 C 的厨艺贬低得一无是处。或许裙子的确不那么漂亮，或许饼干难吃得无法入口，但直言出来的真相却如同锋利的刀子，伤害别人的同时，也伤害着彼此之间的情谊。

　　一位医生分享过很多年以前他做实习医生时候的一件事情：那时他刚从医学院毕业到一所医院里做实习医生，遇到一位 46 岁的宫颈癌患者，当时这位患者的病情已经非常严重了，几乎已经相当于被判了死刑。但令人意外的是，负责带他实习的医生却并没有将实情告知那位患者，只是开了药，然后很平静地告诉那位患者，只要配合治疗会慢慢好转的。他心里非常不赞同那位医生的做法，他认为与其被虚假的希望所蒙骗，病人更有权力知道真相。

于是，在一次看完诊之后，他一股脑儿地把所有情况都如实告知了那位病人，结果没想到，病人大惊失色，当场就晕倒了。之后，这位病人的情况急转直下，之前还能自己走来开药，现在却只能病恹恹地卧病在床。或许是真相太过于残酷，这位病人的精神彻底崩溃了，没过多久就告别了人世。在临走之前，她悲伤又遗憾地告诉医生，她的女儿还有两个月就要参加高考了，可惜她再也等不到那一天……

这位女病人的事情使他受到了很大冲击，虽然没有人因此去谴责他，但他时常会想，如果自己当时不那么年轻气盛，自以为是，而是像带自己实习的那位医生一样，给那位病人一个哪怕虚假的希望，那么她是不是至少能够亲眼看着女儿进考场呢？可惜，一切都不可能重来了，他永远都无法知道这个答案。

这件事成为了他一生的遗憾，从此以后，他成为了一名会"撒谎"的医生，为了让他的病人能够一直抱着生的希望坚强地活着，他学会了用善意的谎言去安慰对方，为他们构筑起一个美好而温暖的世界。

生活是需要谎言的，这与欺骗无关，也并非是怯懦的逃避。很多时候，我们的人生需要的，不是残酷的真实，而是一个能够支撑我们继续努力、继续奋斗的希望，哪怕这个希望是虚无缥缈的，但它却会成为灵魂的支撑，甚至是生命的依托。

我们尊重真实，但如果一个善意的谎言，就能给予他人一个温暖的希望，维护生命中的幸福与温暖，又为什么不肯接受呢？人生一世，不是所有事情都得活得清清楚楚的，很多时候，善意的谎言是一种理解、一种尊重，以及一份宽容。它能让人心底重燃希望之火，能让人知道世上还有爱和信任。

小幽默，自我与他人的糖果

与人相处，就难免会产生各种恩怨是非，针锋相对的争执与吵闹更是在所难免。但有时冷静下来想想，那些争论真的有意义吗？即便在口舌上占了上风，又能给我们带来什么实质上的好处呢？

有人曾这样说过："在争论这件事情里，没有任何人能成为赢家。争论输了，当然你就输了；但若是争论赢了，其实你还是输了。"这话听上去似乎有些矛盾，但仔细想想，的确是这么回事。

当你就某个问题与别人产生争执，甚至是争吵的时候，不管是你还是对方，必然都会滋生好胜心，而一旦这种好胜心激发之后，往往就很难真正做到公正客观地去讨论出一个结果来了。因此，在现实生活中，争论的结果十有八九都只会让双方更加坚信自己的正确性，哪怕理智上已经发现错误与纰漏，也会在情感的支撑下与对手死磕到底。而我们之所以会与别人发起争论，归根结底还是为了说服对方，让对方赞同我们的观点，接受我们的意见。但很显然，从争论开始的那一刻，这个结果就注定很难到来了，所以我们才说，即便你最终在口舌上占了上风，也不意味着你能获得真正的胜利。

有人可能会问，那该怎么办？难不成我们就只能忍气吞声，附和别人，而不能发表自己不同的意见？当然不是，只有懦弱者才会"任人宰割"。诚然，不论是谁，都不喜欢听到不赞同自己的声音，但语言的有趣之处就在于此，掌握语言的技巧，你完全可以在不引起对方敌意的情况下说出相反意思的话。而要做到这一点，幽默无疑是最佳的谈话技巧。

幽默是一种最能博得别人好感，降低别人敌意的方法，它如同争论时的润滑剂，总能把矛盾大事化小，小事化了。它是自我与他人之间的糖果，让交流因此而变得更加美妙。

在日常生活中，幽默化解矛盾的例子比比皆是。

早高峰时候，行驶的公交车上挤满了人，就在这个时候，车子突然急刹车，上班族张三一不小心踩了暴脾气李四一脚，李四"哎哟"一声，没好气地冲张三嚷道："注意点你脚下头！你怎么踩人啊？"

看着李四暴躁的神情，张三赶紧道歉："真是不好意思啊！都怨我，脚下没长眼，竟然踩了你，真是对不起啊！"

张三的道歉并没能完全安抚李四的怒火，他继续没好气地嚷道："哟，怎么的，谁的脚长眼了？怎么就你能踩到我啊？"

张三无奈，只得笑着说道："要不您看这样，我也给您踩一脚行吧？"

听了这话，李四黑着脸吼道："你这人也太不讲理了！"

张三一愣，随即笑道："您看，我这本来就不占理的事，拿什么跟您讲理啊？"

李四"扑哧"笑了出来，憋在胸口的怒气也消了，随即有些不好意思地小声冲张三说道："行了，哥们，今天是我情绪不好，迁怒你了，对不住啊！"

虽然说是张三先踩了李四，但很显然，张三的道歉态度是非常好的，而李四呢，则因为个人情绪原因有些咄咄逼人了。在这种情况下，如果张三态度也不好，那么一场争吵，甚至是拳脚相向恐怕都少不了。但张三显然情商非常高，不仅控制住了自己的情绪，而且还巧妙地以幽默的语言化解了李四的咄咄逼人。当李四的情绪平复下来之后，自然也意识到了刚才自己态度的问题，故而向张三道了歉。

可见，学会灵活运用幽默这项"武器"，不仅能够帮助我们减少无谓的争执，还有助于我们摆脱社交活动中的困境，让人际关系变得更加和谐。

对明天忐忑不安，只会让今天失去快乐

当人们感到不快乐的时候，总会把不快乐的原因归结到他人或环境的身上。总认为，自己之所以不快乐，完全是因为一切事情都违背了自己的心意，只要一切能好转，那么自己也就会快乐起来。这种想法其实是非常幼稚的，一个无法让自己快乐的人，即便拥有了全世界，依旧还是会为明天而忐忑不安，他们总能找到不快乐的理由，总把快乐的期望寄托于"一切变好"之上。殊不知，一个人快乐与否，完全取决于自己的内心，那些懂得快乐的人，哪怕一无所有也能与欢笑常伴。

快乐是由我们自己的内心创造出来的，人这一生总会有不开心的经历，但同样也总会存在不少开心的经历，所以你是否快乐，是否满足，其实更多的取决于你是愿意珍视那些开心的事情，还是愿意沉湎于痛苦，反而对一切美好视而不见。

美国的一些心理学家做过一项名为"伤痕实验"的心理学实验，他们

在某大学征集了一批自愿参加实验的志愿者，并告诉他们，他们即将参加的这项实验，是为了观察人们对身体，尤其是面部有缺陷的陌生人的一种反应。

接下来，志愿者们被单独分开，由化妆师在他们脸上做出狰狞可怕的伤痕。每次化完妆后，化妆师都会让志愿者照照镜子，看看化妆之后的自己脸上那道伤痕有多可怕，然后再给他们涂上一层新的粉末，化妆师告诉他们，这是防止脱妆的。

然而事实上，心理学家们在这里耍了一些"小把戏"，那道所谓的"防止"脱妆的工序，实际上是让化妆师在志愿者们不知道的情况下，偷偷将画在他们脸上的假伤痕擦掉。

做完这一切之后，这些志愿者被分别送到了不同医院的候诊室，临别前，实验人员再三叮嘱，让志愿者们在进入候诊室之后，仔细观察别人看他们的眼光，以及对待他们的态度。

指定时间过去后，志愿者们纷纷返回了实验地点，当实验人员询问他们的感受时，志愿者们的回答几乎都大同小异。他们表示，因为脸上的"伤痕"，所以人们的态度和平时大不相同，总是粗鲁无礼地看着他们的脸，目光一点也不友好。

这个结果非常有趣，志愿者们根本不知道，自己在被安排出现在医院候诊室之前，脸上的"伤疤"已早就被擦去了。也就是说，他们和平时的自己没有任何区别。然而为什么大家会给出那样相似的"奇怪"答案，觉得周围的人对待自己的态度存在不同程度的差异呢？说到底，得出这样的结论，其实关键还是在自己的内心。

因为认为自己脸上有伤疤，所以志愿者们已经先入为主地防备起了一切来自周围人的关注，哪怕只是正常的一瞥，可能都会激起他们内心的敏感与脆弱。那道伤疤不仅仅在脸上，更重要的是已经渗透在了心里，让心灵多了几分自卑和痛苦。正是因为心中的忐忑不安，才让志愿者们眼中的世界也变得残酷和冷漠起来。

瞧，一个人心灵上的伤痕是藏不住的，哪怕外表再如何光鲜亮丽，也无法遮掩心灵的脆弱与伤痛。所以，人的快乐并非建立于你拥有多少东西，或遇到多少好事，而在于你的心灵是否充满阳光，溢满欢笑。如果你总是对未来充满忐忑与不安，那么即便给了你整个世界，你也无法从中获得想要的快乐。

心是快乐的源泉，唯有自己才能帮助自己真正走出悲伤与痛苦。当你感觉自己不快乐的时候，不要总是把一切都怪罪于他人或命运身上，不妨停下来，好好听听内心的声音，寻找到让你疼痛和恐惧的伤痕。治愈了心灵，快乐自然如影随形。

真正给我们带来快乐的是智慧，不是知识

人们常常会将知识与智慧混为一谈，但实际上，二者之间并不能完全等同。知识主要是对客观事物的一种描述，而智慧则是处理问题时所展现的手段和方法。拥有知识的人不一定就能拥有智慧，同样的，拥有智慧的人也不一定就拥有丰富的知识。

当然，知识与智慧之间也并非是全然没有关系的，在一定条件下，二者是能够相互转换的。知识经过吸收和沉淀之后，会转变为智慧，而智慧

经过总结概括之后,也会变成一种知识。

关于知识和智慧,有这样一个犹太故事或许能给予我们一些启示和思考:

有一个学者,他非常想深入了解犹太人的思想和精神,因此在研读完《圣经》等典籍之后,便想要继续研读犹太人非常重要的著作之一《塔木德》。他找到了一位拉比,向他诉说了自己的请求。可没想到,拉比在听完学者的诉说之后,却对他说:"我能理解你想要研读《塔木德》的渴望,但很抱歉,恐怕你还没有打开这部著作的资格。"

学者很诧异,他是个学富五车的人,有着辉煌的学历和研究经验,很难想象有一天居然会有人指着他说,他没有阅读或了解某部书的资格。但良好的涵养还是让学者控制住了自己的脾气,他急切地说道:"我有没有资格,你可以亲自检验再做决定啊!"

"好吧,"拉比点了点头同意了,然后问道,"有两个男孩,他们一块去打扫烟囱,打扫完后一起从烟囱上爬了下来。这两个男孩,一个脸上白白净净,没有沾上一点黑灰,而另一个人则完全相反,满脸乌黑,连长相都看不太出来了。你说接下来,哪个男孩会去洗脸?"

学者想也不想就答道:"那还用问吗,当然是那个弄脏了的男孩呀!"

拉比淡淡地说道:"可见你还没有研读《塔木德》的资格。如果有足够的智慧,你就不会给出这样的答案了。要知道,从烟囱下来之后的两个男孩身边并没有镜子,他们只能通过对方的情况来预估自己的情况。干净的男孩看到脏兮兮的男孩会以为自己和他一样脏,而脏兮兮的男孩看到干净的男孩则同样会以为自己同他一般干净。"

听拉比说完,学者恍然大悟,并强烈要求拉比再给他一个机会,用其他问题再测试他一次。

拉比被学者缠得不行，于是又把刚才问他的问题重复了一遍。学者虽然有些疑惑，但依然果断地答道："是脸上干干净净的那个男孩会去洗脸！"

没想到的是，话刚说完，拉比就冷淡地说道："你依然不具备研读《塔木德》的资格，放弃吧。"

这回学者不乐意了，板着脸说道："难不成又错了吗？"

拉比微笑着解释道："既然这两个男孩是一块去打扫的烟囱，又怎么可能弄得一个脏兮兮的，而另一个却干干净净呢？"

学者分析问题，是从知识的角度出发的，一板一眼，在条条框框中得出"标准答案"，而拉比分析问题运用的则是智慧。知识易得，而智慧却难求。随手拿起一本书，上面都是知识，听别人讲述自己的阅历和经验，同样也是知识。而智慧则是需要我们自己在生活中一点一点磨砺，一点一点总结才能得来的。

学习知识能够增强我们对事物的认知，但唯有智慧才能给我们的人生带来真正的快乐。一个睿智的人，必然会是一个拥有高情商的人，这样的人是真正懂得生活的人，不仅能让自己享受生活的快乐，同时也能为他人带来快乐。

说话也是智慧的一种体现。人每天都在说话，而说话的目的就是为了促进人与人之间的思想交流和信息传递。有智慧的人懂得怎样用最精简的语言达成自己的目的，更懂得如何表达措辞，才能让别人接受自己的思想和传递的信息。

在现代社会，职场应酬也好，人际交往也罢，都离不开说话，而一个人会不会说话，往往也都直接影响了别人对他的判断和印象，甚至可能改变他的命运。

第七章 交际就是"会聊天"：交际情商，决定你的受欢迎程度

　　社交好与不好，往往取决于情商的高低。而那些受人欢迎，让别人感觉相处起来很舒服的人，必然都有一个共同点，那就是情商高。因为情商高的人往往都很会聊天，他懂得设身处地地为别人着想，考虑别人的情绪和立场，知道什么话该说，什么话不该说。甚至于对自己的情绪，也都能掌控得非常好，不会让人在与他相处时陷入为难或尴尬的境地。

会说话，才能"一见如故"

人际交往，说白了就是和陌生人或不熟悉的人建立关系的一个过程。通常来说，不管是认识一个人还是一件东西，第一印象对我们的影响都是非常巨大的。第一印象好的人，哪怕在之后的交往中产生一些小摩擦，往往也都会被我们自动忽略；而第一印象差的人，哪怕没有什么出错的言行，也难免会被"鸡蛋里挑骨头"地为难。

在建立人际交往关系中，最理想的状态莫过于"一见如故"。和一个陌生人一见如故？听上去确实有些匪夷所思，毕竟彼此双方都不了解，不知道对方喜欢什么，讨厌什么，更不知道应该如何做才能讨对方欢心，可见，能够和一个人一见如故，那得多有缘分啊！就像那对高山流水的知音一般，千百年也就那么一例。

诚然，知己难寻，有的人终其一生，或许都遇不到一个真正能与自己心意相通的知己，但"一见如故"实际上却并不是我们想象得那么难。

和陌生人相处，我们或多或少都会产生一些尴尬及不自在的感觉，毕竟彼此双方并不了解，一时之间也很难找到共同话题，这种沟通的距离感常常会让人觉得手足无措。这种时候，如果有一方情商高，会说话，能够成为谈话的主导者，并消除这种因陌生而产生的距离感，那么很自然就会营造出一种"相见恨晚""一见如故"的感觉。

一位朋友曾说过这样一件事情：

一个周末的下午，朋友正在家里看电视的时候，突然听到门铃响了起来。开门之前，她从门镜往外看了看，只见一个扎着马尾辫的陌生女孩微笑着站在她的门口。

"请问你是？"朋友打开门疑惑地看着女孩，记忆中似乎从来没有见过这个人。

看到门开了之后，女孩脸上绽放出了一个更加友好的笑容，并以似乎很熟稔的语气对朋友说道："你好，是这样的，我刚才在楼下经过时，一抬头便见到了你放在阳台上的花，那些花实在太漂亮了，我也想给我的小窝添点颜色，就是还没想好该怎么办，现在可算是有灵感了！"

听到女孩夸奖自己的阳台，朋友虽然有些疑惑，但也还是很开心。女孩又接着说道："是这样的，我是做化妆品的，刚搬来这个小区不久，今天休息就想着在附近四处转转，看能不能有好的相遇，认识一些朋友，结识一些客户，顺便宣传宣传我们公司的产品。结果就被你家的花吸引过来了，请问可以给一个机会和我聊聊看吗？"

朋友想了想，看着女孩友好的微笑，最终请她进屋。那天下午，朋友和女孩聊得很开心，并讨论了许多关于园艺和美容之类的问题，临别之际两人还交换了联系方式，朋友也决定试试看女孩推荐的化妆品。后来她们也一直保持着联系，成了好朋友。

在生活中，我们遇到过各种各样的推销员，他们大多数人的开场白都是:"您好,我是某某公司的,希望您了解一下我们的产品……"而我们的回答通常都是:"不好意思,不需要。"然后就此结束。这就是陌生人与陌生人之间的交谈,平淡无奇的开场白,充满戒备的陌生感。

朋友遇到的那位女孩却不同,她用一种和老朋友自然闲聊的方式作为开场白,更重要的是,她所挑选的切入点正是对方很有兴趣的花草,因此很快就拉近了彼此的距离,让人产生一种"一见如故"的感觉。而两个人之间,一旦能够顺利消除距离感和陌生感,之后的沟通和交流自然也就水到渠成了。

当然,想要拉近与陌生人之间的距离,光是"自来熟"是远远不够的,在开口之前,你得通过观察与对方有关的东西,从对方的言行举止等方面,寻找到能够引起对方兴趣的切入点,这样才能让对方有想要与你进一步交流的想法。如果你仅仅只是"自来熟",却不能在最短时间内引起对方的兴趣,那么反而可能会让对方对你更提防,甚至更反感。

此外,想要拉近彼此之间的距离,至少是需要其中一方主动的,就像那个女孩,在抓住朋友的兴趣点之后,立刻提出希望能与朋友聊一聊的请求,从而为自己争取到了更进一步的机会。所以,当你试图与某人结交的时候,一定要懂得趁热打铁,在一见如故之后迅速取得更进一步的发展机会。

说话会转弯,错误间接提

说话之道,最重要的一点就在于要会"转弯",尤其是拒绝的话、批评的话,更是要懂得间接地说,说得好听,让人听得顺耳,对方才能接受你的意见。很多人都不懂这个道理，总把直话直说与真诚联系到一起，觉得把话转着弯说是不真诚的表现。但其实，这种认知是非常错误的，一个人说话直不直与这个人真诚与否没有任何关系。相反，一个人如果总是不分场合，不看对象地直话直说，那么只会让人感到不舒服，被冒犯。

《皇帝的新装》相信每个人都看过，人们总是批评皇帝愚蠢，大臣谄媚虚伪，只有孩子才说出了真话。但放到现实中想一想，不管前期皇帝是出于什么缘故相信了骗子的谎言，在大庭广众之下，即便皇帝意识到孩子诚实地说出了真话，他又怎么可能当众去打自己的脸，承认自己是个被欺骗了的愚蠢的可怜虫呢？相反，在那种时候，为了自己的颜面和尊严，哪怕他心中已经知道了自己的错误，也只能硬着头皮继续装傻下去，甚至可能为了维持这样的假象而做出过激的行为，比如惩罚当众说出实话的孩子。

人都是要面子的，有时甚至为了面子不惜一错再错，这是不可违背的人性。我们批评一个人，指出他的错误，最终目的是为了让他修正自己的行为，而不是羞辱他或伤害他，既然如此，为什么不考虑用让对方更容易接受的方法来做这样的事呢？如果你能在维护对方脸面、不伤害对方尊严的情况下指出他的错误，那么显然对方会更容易接受你的意见，并且对你心存感激。

所以，即便你怀抱着一颗真诚的心，即便说出的每一句话都是事实，也要考虑到当前的场合和对方的身份性格等特点，学会在开口说话之前先在脑子里过滤一遍，别让良言变成伤人的利器。

何嘉慧是个性格还算温顺，也没什么不良嗜好的人，但有一大缺点就是不太会说话，一开口就常常会得罪人，因此她的人缘一直都不太好。

有一次，何嘉慧同部门的一个女同事穿了条新裙子来上班，人人都夸裙子漂亮，女同事眼光好，可偏偏问到何嘉慧的时候，她却一脸认真地看了半天之后，心直口快地评价道："你太胖了，这条裙子还是瘦人穿更好看。而且颜色那么鲜艳，适合小姑娘穿，跟你的年纪不太搭。"这话一出口，气氛顿时变得尴尬起来，原本兴致勃勃在聊天的同事们也都默默走开了。

有朋友也曾委婉地劝说过何嘉慧，让她说话不要那么直，可何嘉慧却觉得自己说的都是实话，不像那些人那样虚伪。久而久之，因为何嘉慧说话总是频频扫兴，于是公司的同事们都渐渐将她排除到了集体之外，甚至连很多聚餐或聚会的场合都会故意避开她。

做人真诚原本没有错，但真诚不意味着你可以随时随地用"直言不讳"的理由去伤害别人，丝毫不考虑别人的心情，这样做不是真诚，而是自私。同事的裙子不适合她，你可以用委婉的方式私下建议，为什么偏偏要在大庭广众之下挑刺呢？或许何嘉慧说的是实话，是她心里真正的想法，但在不恰当的场合，用毫不留情的叙述方式说出，对他人而言无疑是一种沉重的伤害。如果明明可以把实话说得更委婉，更容易让人接受，为什么不出于本心的善意去把话说得好听一些呢？

谈话的目的不是单纯为了发泄自己内心的想法，而是要让对方毫无芥蒂地接受我们的意见。要知道，任何一个心理成熟、深谙社交技巧的人，都不会以咄咄逼人的态度去与人交谈，哪怕手里握着对方的错误和把柄，也都会懂得在面子上给对方留三分情面，而不是当众让人下不来台。

想让别人认真听，你得先认真说

江南春说过这样一句话："最终你相信什么就能成为什么。因为世界上最可怕的两个词，一个叫执着，一个叫认真，认真的人改变自己，执着的人改变命运。"

在生活中，每天都有无数人叫嚣着要"改变自己"，并为此做出不少条条框框的计划和安排，但最终，有的人成功的，有的人却在不断叫嚣中雷声大雨点小地一次次迎来失败。但凡是成功的人都有一个特点，那就是认真。认真做出计划和安排，认真为自己制定需要遵守的规则，认真付诸行动——于是，这部分人迎来了蜕变。

一个人想要成功，所需要的条件是非常多的，而认真必定是其中之一。一个认真的人未必就能变成自己理想的样子，但一个缺乏认真的人，却永远注定无法改变自己的面貌，更别提改变自己的生活乃至命运了。认真的人是值得别人尊重的，而缺乏认真的人，自然也没有资格去要求别人的认同。

何华是个头脑聪明，但个性较为散漫的人，在学校的时候，因为成绩一直不错，所以即便在纪律方面常常出点小问题，老师也基本上是睁一只眼闭一只眼的态度。

毕业之后，何华先后做了几份不同的工作，但最终都因为各种各样的理由辞职了，在一番思索之后，何华决定和朋友一起开公司创业。何华家庭条件不错，但为了证明自己的实力，他决定不依靠家里，而是要靠自己的实力去给公司拉投资。

为了争取到投资，何华和朋友一起做了一份详尽的公司发展计划，因为何华口才好，所以说服投资人的任务就交到了他头上。

起初，对于自己这份计划书何华是非常满意的，不管从哪个方面来看，他们创办的这个公司都是非常有潜质的，想要拉到投资应该不是什么难事。可没过几天，何华的自信心就遭到了重创，他先后见的几个投资人无一例外竟然全部都拒绝了他。更令何华感到难堪的是，他见的其中一位投资人宁愿选择一家和他们同类型，但明显发展潜力完全比不上他们的公司，也没有答应给他们投资。

何华非常沮丧，一方面怕朋友对自己失望，另一方面也觉得自己特别没用，更重要的是，何华根本就不明白到底哪个环节出了问题。为了找到自己的纰漏，何华特意私底下请教了开公司的表哥，表哥在看了何华公司的发展计划之后，对此赞不绝口。这回何华就更纳闷了，既然计划没问题，那么到底为什么所有投资人都拒绝了自己呢？

为了搞清楚这个问题，表哥让何华把他当作投资人，现场演示一下他当时到底是如何向投资人们介绍公司发展计划的。很快，表哥就找到了何华被拒绝的原因。他发现，何华每次见投资人的时候，穿着都非常随意，而在介绍公司发展计划时，虽然说得头头是道，妙趣横生，但过于活泼的阐述方式总给人一种在听相声或者做游戏的感觉。

最后，表哥给了何华一句忠告："用你的认真去打动对方，只有你做到一丝不苟，认认真真地去说，别人也才会认真地听。"

正如何华表哥所说的那样，你希望别人认真对待你的诉求，那么你就得先摆出一个认真的态度，让别人能感受到你的决心，而不是只把这件事当作游戏一样玩玩就算了。就像何华，不可否认，他是很有才华的，他的公司发展计划也做得十分精彩，但平日里散漫的习惯，却非常容易给人一种"不靠谱"的感觉。所以才会一遍又一遍地被投资人拒绝。

认真是一种态度，更是一个人展现在别人面前的形象。认真的人总能给人一种安全、踏实、可靠的感觉，能让人不由自主地相信、追随。因此，在与人交流的时候，想要得到别人的信任，那么就一定要先端正好态度，以一种认真的姿态去与人交流。

自嘲的艺术

在生活中，我们几乎每天都能遇到喜欢给自己脸上贴金的人，他们总是得意洋洋地夸耀着自己的权力、财富、地位……就如同开屏的孔雀一般，想方设法地在人群中凸显自己的非同一般，恨不得吸引所有人的视线与关注。甚至有的人为了达到这一目的，就连根本没发生过的事情都能说得天花乱坠，试图以此来提高自己的"身价"。

事实上，如果你身边有这样的人，那么相信你一定会明白，他们的种种表现落在周围人眼中，无异于小丑逗乐罢了。一个真正有能力的人，是不需要急于在别人面前证明自己能力的；一个真正优秀的人，也是不需要通过他人的目光来寻求自信的。

急于显示自己成功的人，是因为惧怕失败；急于表现自己优秀的人，是因为惧怕缺陷。但其实，有的东西，你越是想要遮掩，反而越可能给人"此地无银三百两"的感觉，倒不如坦荡地展示出来。当你能够坦然接受自己的缺点和不足时，又何必再惧怕别人对此发起攻击呢？迈克尔·斯威德曾这样说过："在别人嘲笑你之前，先嘲笑你自己。"当你拥有敢于自嘲的胸襟时，别人对你的攻击自然也就化于无形了，这便是自嘲的艺术。

美国著名的总统亚伯拉罕·林肯就是个非常擅长自嘲的人。众所周知，林肯的长相实在是不出众，甚至有些丑陋，不少人都曾以这一点攻击过他。

据说有一次，林肯在散步的时候，遇到一名妇女，这名妇女很不喜欢林肯，于是便讽刺地说道："你简直是我见过最丑陋的人，为什么还要出门呢？你应该好好待在家里。"

听了这名妇女十分不友好的话，林肯并没有生气，反而有些无奈地说道："有什么办法呢？真可惜我没有两张脸啊，否则我一定不会用这张脸出门的。"

妙趣横生的自嘲轻松化解了妇女恶意的嘲弄，同时也体现出了林肯的绅士与教养，试问这样一个幽默风趣又豁达的人，即便没有漂亮的面容，又怎会让人讨厌呢？

我国著名画家张大千先生也是非常懂得自嘲艺术的人，有一次，张大千宴请老朋友程砚秋吃饭，在安排座位的时候，大家都让张大千坐首座，张大千却笑着说道："首位应该给程先生坐，他是君子，我是小人，坐末位才是。"

听了这话，在座众人面面相觑，不明白张大千先生的意思。张大千笑呵呵地解释道："中国有句话'君子动口，小人动手'，程先生唱戏那是动口，我作画不就是动手吗？所以还是该程先生首座。"

张大千先生一席话毕，满堂宾客为之大笑，最后张大千先生与程砚秋先生并排坐了首座，宴会也在轻松愉悦的气氛中开始了。

不管是林肯还是张大千，他们的自嘲显然并不会招人厌烦，反而只会为他们迎来更多的掌声与赞许。不论是大人物还是小人物，自嘲无疑都是博得别人好感的有效方法。大人物自嘲可以化解他人的嫉妒与攻击，并避免冲突，维护自身在公众面前的形象；而小人物的自嘲则能苦中作乐，在减少自己心理压力的同时，也能缓和人际关系中的冲突与矛盾。

自嘲是一种智慧的体现，同时也反应了人对语言的驾驭能力。一个情商高的人必定是能熟练掌握这门技巧的人，毕竟要做到这一点，除了要懂得运用适当的幽默之外，更重要的是必须拥有豁达的胸怀、乐观的心态和超脱的境界。

瘸子面前不说腿短，东施面前不言面丑

传说龙咽喉下直径一尺的地方有一块倒长的鳞片，这是龙全身上下唯一倒着长的一块鳞片，人们称之为"逆鳞"。逆鳞是龙身上最脆弱的部位，谁都不能触碰，要是有人胆敢触碰它，那么就会被勃然大怒的龙杀死。

每个人身上其实都有"逆鳞"，无论出身多么高贵、地位多么煊赫都是如此，人总是有弱点和不愿被人提及，不容被人冒犯的敏感点，谁敢触碰，必定会遭到毁天灭地的愤怒与仇恨。正所谓"打人不打脸，骂人不揭短"，说的就是这个道理。但在人际交往中，总会遇到这么一些人，说话常常口无遮拦，哪壶不开提哪壶，让人觉得无所适从，这样的人，不管放在哪里，都是很难被人喜欢和接纳的。

前阵子路过商场的时候，正巧看到一个奶奶拉着小孙女在一家童装店里看衣服。奶奶指着橱窗里一条新款的裙子，让售货员拿过来给孙女试试。裙子是那种到脚踝长款的，那个小孙女不知道几岁了，看上去长得有些矮

小，于是售货员大概估计了一下小女孩的身高，便好心地提醒老人家说："孩子年纪还小吧？有3岁了吗？这条裙子是长款的，最小码她穿也长了，要不看看别的。"

听了这话，只见奶奶原本带着笑意的脸一下就变色了，不高兴地拉着孙女作势要走。站在一边的店长注意到了这边的情况，赶紧拿着一套新款的短袖裤装走了过来，热情地笑着说道："我看小姑娘穿这套一定好看，这是我们新到的款，小姑娘皮肤白，这个颜色衬着也鲜嫩。而且这夏天蚊虫特别多，穿裤子玩方便，而且不容易被蚊虫咬。试试看怎么样呀？"

听到店长这么说，奶奶看了看店长手里拿的衣服，脸色这才缓和点，说道："嗯，颜色是挺鲜嫩的，那就试试吧。"这才推着孙女进了试衣间。

从目睹到的这一幕就能看出，店长与售货员的情商真是高下立见。虽然售货员并没有说什么过分的话，但她的言语之间其实是非常容易得罪人的。比如她不知道孩子的年纪到底多大，便根据孩子个子矮小臆测了一下年龄，假如孩子实际年龄已经超过3岁，只是天生长得个子就矮，那么她这句话显然会让奶奶听了觉得不高兴。而店长不同，她在推荐别的衣服款式给祖孙二人的时候，一方面变相地夸了孩子皮肤白，适合这个颜色，另一方面又以替孩子考虑的角度，提出了穿裤装的种种优点。店长的推荐方式显然更让老人家觉得开心以及窝心。

瞧，这就是为什么人们都喜欢和情商高会说话的人交往，在待人处事中，情商高的人总是能迅速洞察到别人的逆鳞所在，并轻松绕开"雷区"，以别人的优点或长处为切入点来和人说话，让人听着就觉得舒心、顺心。

在这个世界上，没有谁是完美无缺的，任何人都或多或少存在一些缺陷和弱点。在社交场合，每个人都希望能尽量展现自己完美的一面，并尽可能回避或隐藏起自己的一些缺陷和弱点。所以，在这种时候，"面子"是非常重要的，如果你不懂得绕开对方的"雷区"，不慎在言语之间触及到对方不愿提及的逆鳞，冒犯了对方，那么必然会招致对方的不满，甚至伤害到彼此之间的感情。

"瘸子面前不说腿短，胖子面前不提身肥，东施面前不言面丑。"这应该是每个人都熟知的基本社交常识。哪怕是感情再好的人，言谈之间都应留有忌讳，又何况是那些交情泛泛，甚至陌生的人呢。《菜根谭》中也说："不揭他人之短、不探他人之秘、不思他人之旧过，则可以此养德疏害。"

"留白"也是一种交谈话术

"在所有的一切烈火中，地狱魔鬼所发明的狰狞的毁灭人际关系的计划，滔滔不绝是最致命的。它就像是毒蛇的毒汁般，永远侵蚀着人们的生命。"这是美国成功学大师卡耐基曾经说过的一句话。

每个人都有表达的欲望，都希望能在谈话中占据主导位置，用精妙绝伦的语言向众人展现自己的博古通今、学富五车。然而，事实上在交谈中，一位总是滔滔不绝的交谈对象并不比一位沉默寡言的交谈对象更讨人喜欢，甚至很多时候，比起滔滔不绝的那一位，不少人更愿意选择沉默寡言的那一位。

去商场买过东西的人都有这样的经验：如果你走进一家店，导购就热情地迎上来滔滔不绝地向你介绍产品，询问你的想法，从头到尾不让你有片刻的安宁，那么即便一开始你确实想要买些什么，或者看些什么，大概也会被导购的这种"热情"吓得落荒而逃，恨不得赶紧离开。

在与人沟通的时候，滔滔不绝可以说是最犯忌讳的一件事了。交谈不是演讲，不能只由一方占据主要位置不停地发言，所谓交谈应该是你来我往的一种互动，你要讲，要说，别人同样也有这种需求。要知道，在交谈中，"留白"也是一种重要的谈话技巧。

原一平是日本有名的推销大师，在刚从事这一行业的时候，他是个典型的"话篓子"，一遇到客户就开始滔滔不绝，就跟关不上的水龙头似的。虽然原一平很能说，而且说得很卖力，但他的销售业绩却始终上不去。后来，在一位心理师朋友的建议下，原一平决定改一改自己的推销风格，以后尽量少说多听。

打定主意之后，有一天，因为上班快要迟到了，所以原一平决定奢侈一回，打车去上班。司机是个有些发福的中年人，看上去很好相处。原一平便开始向他搭话："师傅，你们干这行，挺辛苦的吧？"

司机应道："是怪累的，这一天下来，腿和腰都不行。"

原一平："那可得注意休息了，健康比什么都重要。"

司机："没法子，生活所迫，休息了哪来的钱哦？能多赚点，让家人过上更好的生活，辛苦点也不要紧。"

原一平："您家里是什么情况呀？"

司机："我们就一家三口，我和我老婆，还有可爱的女儿。每次看到老婆和女儿我就觉得，多吃点苦真的没什么，有她们在身边就很幸福了。"

尤其是我老婆，年纪轻轻跟了我，也没过过什么好日子。"

原一平："你女儿应该上小学了吧？"

司机："是的，已经三年级了，又听话，成绩又好，年年能拿奖状回来呢！"

就这样，两人一问一答聊了一路，等快到目的地的时候，司机知道原一平是推销保险的，便让他推荐了一些适合他家庭的保单。就这样，在上班的路上，原一平成功把一份保单推销给了他打车的出租车司机。

这件事让原一平感触很深，在这一路上，他有很多次都想畅所欲言，告诉司机他也有个女儿，有个美丽的妻子，他也有为家人奋发向上的渴望。但他努力压制住了自己想要说话的欲望，克制了滔滔不绝的习惯。而事实证明，他的"留白"的确帮了大忙，虽然从头到尾他都没有机会表现他能说会道的口才，但却成功地营造了一场满意的谈话。

可见，一位让人满意的谈话对象，不一定非得具备口若悬河的沟通能力，但一定得懂得进退有度，在适当的时候让出话语权，让对方有说话和表达的空间。那些在推销过程中总是滔滔不绝，话说得比客户还多的推销员，通常来说成交率都是远远低于那些懂得倾听，懂得在谈话中"留白"的推销员的。

所以，偶尔学会闭嘴是非常重要的，要知道，当你想把心中的想法滔滔不绝地说出来时，对方或许也有同样的渴望。而你需要做的，是想清楚，你希望通过这场谈话达成怎样的目的。如果你只是想宣泄你的表达欲望，那么你可以继续滔滔不绝。但如果你希望的是通过这场谈话，让对方对你有个好印象，从而达成某些目的，那么就赶紧闭嘴吧，你会发现，有时不说比多说要有用得多。

说话，有时也要"难得糊涂"

在生活中，我们总会不可避免地陷入一些尴尬的困境中，这种时候，如果非得把一切都弄得明明白白、清清楚楚，那么反而会让自己更加进退两难。有时候，"难得糊涂"也是一种待人处事的大智慧。在沟通方面其实同样也是如此，很多时候，话不是说得越明白才越好，适当的糊涂有时反而能产生一种四两拨千斤的幽默效果，巧妙地让我们脱离困境。

"装糊涂"是一种高超的说话艺术，其最精妙之处就在于对真、假、虚、实的灵活运用，用真真假假、虚虚实实的态度，将一些看似简单易懂或显而易见的话语引向一个荒谬而又充满幽默感的方向。

英国首相威尔森在运用"装糊涂"话术方面就十分令人拍案叫绝。有一次，威尔森在进行竞选演说的时候，突然台下有个反对分子冲着他高声大叫道："狗屎！垃圾！"

这样的挑衅实在极其无礼，可威尔森总不能在大庭广众之下和这个人产生正面冲突，这对于他的竞选来说是极其不利的。可就此退却显然也不见得就能维护他的形象，反而可能给人软弱怯懦的感觉。就在大家都默默为威尔森捏一把汗的时候，他却淡然地笑着说道："这位先生，请您稍安勿躁，接下来我很快就会谈到您刚才提出的关于脏乱的问题了。"

威尔森话音刚落，台下便是一片喝彩。

享誉世界的喜剧大师卓别林也是个"装糊涂"高手。有一次，卓别林在参加一个提倡真善美的慈善活动时，突然一只苍蝇绕着他飞来飞去，很是烦人。助手赶紧递来一只苍蝇拍，卓别林拿着苍蝇拍挥了好几下也没打着苍蝇，正打算再打的时候，他突然反应过来，觉得这种时候打苍蝇似乎与本次活动的主旨不太相符。于是为了顾全大局，卓别林放下了苍蝇拍，决定放这只讨厌的苍蝇一条生路。

助手看到这一切，觉得非常奇怪，于是就好奇地问卓别林说："您怎么不打了？那只讨厌的苍蝇现在正停在桌子上呢！"

卓别林看了看那只苍蝇，做出一本正经的样子说道："我并不确定这只苍蝇是不是刚才骚扰我的那一只，要是打错了那岂不是很冤枉它。"

一席"糊涂"又幽默的话让大家捧腹大笑。

不得不说，在"装糊涂"方面，无论是威尔森还是卓别林，绝对都是个中高手。在面对反对者的挑衅时，威尔森自然明白，那人口中的污言秽语是用来羞辱他的，考虑到当时的情况，无论他是以强硬的态度去驳斥对方，还是以息事宁人的态度假装什么都没发生，显然都无法帮助他摆脱困境。因此，威尔森聪明地"曲解"了对方的意思，四两拨千斤地把这个问题"糊涂"地绕了过去，既全了自己的脸面，也维护了在公众面前的形象。

卓别林参加的是一个提倡真善美的慈善活动，当他意识到自己在这样一个活动上公然"杀生"似乎不太恰当时，他的处境无疑是有些尴尬的。当然这并不是什么大问题，即便不给出任何解释也不会有人在意这么一件无关痛痒的小事。但聪明如卓别林，又怎么会让自己陷入这种小小的尴尬里呢，他一本正经的荒诞解释下恰恰埋藏了高深的智慧，一席话不仅让人感受到了他的幽默，也让人不由得加以思考，领略出了别样的道理，可谓一举两得。

人们总是希望能表现出自己聪明的一面，但在某些情况下，聪明反而容易被聪明误，适当的糊涂反而才是大智慧的体现。当然了，虽然揣着明白装糊涂有时能帮我们顺利应付一些尴尬的情况，但凡事都不能做得太过分，别把"装糊涂"变成了"真糊涂"。

赞美，最实用的"嘴上功夫"

哈佛大学的心理学教授哈尼森说过："自重感是人类天性中最强烈的渴求欲望。"

所谓"自重感"，简单来说就是觉得自己很重要，深入来讲，就是一种对自我的认可和喜爱的感觉。而自重感主要来自于别人对自己的认可和重视，当我们能够从别人那里得到认可和重视的时候，自然就会产生一种满足感，并增强自信心，从而产生自我认同感，自重感就是这样一点点积累起来的。

那么，换个角度来说，如果我们想要和某人拉近距离，最有效的方式显然就是满足他对自重感的需求。当对方能在与我们的沟通中感受到认可和重视的时候，自然会愿意与我们建立更进一步的关系，交情就是这样一步一步培养起来的。而要让对方感受到这一切，最方便也最有效的方法无疑就是赞美。

林洋大学毕业之后选择了创业，并很快创立了属于自己的一家照相印刷公司。任何一间公司从创办到发展壮大，必然都要经历坎坷和挫折，林洋的公司自然也不会例外。有一段时间，因为公司人手不足，技术修理部的员工们频频向林洋抱怨工作过于繁重，哪怕一个人做两个人的活儿还得不断加班。

面对员工的抱怨，林洋也感到很苦恼。一方面，公司才刚刚处于起步阶段，不管是资金还是人手都比较紧缺；另一方面，林洋招聘员工一直都秉承着宁缺毋滥的原则，想要在短时间内找到满意的人也并不是件容易的事。看着技术修理部的员工们一天天萎靡下去，林洋心里也非常着急，到底怎样做才能解决这些问题呢？

经过一番思索之后，林洋想出了个好办法：趁着年度总结大会的时候，他根据技术修理部员工们近来的工作表现，分别给他们颁布了不同的奖状，比如有"最佳技术奖""最具效率奖""最佳勤劳奖"等等，并在公司内部建立了一套考核制度，规定每月会根据考核的情况，在公司评选出"最佳部门"。此外，获奖的员工和部门除了得到一张写满了溢美之词的奖状之外，还会得到一些超市购物券之类的福利。

虽然从数额上来说，林洋所设置的奖励并不算丰厚，但这种方式显然还是有效激发了员工们的工作积极性。尤其是缺乏人手的技术修理部，在接到老板亲自书写的奖状之后，员工们士气也为之一振，之前的萎靡也一扫而空。

对于员工们来说，真正给予他们激励的，显然不是那些数额不算巨大的超市购物券，而是来自的老板的肯定和赞美。那一张张写满溢美之词的奖状，虽然可能不值什么钱，也无法带来任何实质上的利益，但它却象征着荣誉，以及领导对员工工作成果的一种肯定，它所带来的精神上的满足是无与伦比的。这就是赞美所带来的积极影响和强大效果。

赞美绝对称得上是最实用的"嘴上功夫"。与人沟通时，嘴上多说几句赞美的话语，不需付出多少代价，却可能为你带来意想不到的好处。人人都需要赞美，人人听到赞美的语言都会感到由衷的开心。

赞美是照亮心灵的阳光，是滋养自信的摇篮。人们需要赞美，这是一种非常正常的心理需求。所以，别吝啬你赞美的语言，多说几句好听的话，这不是谄媚，而是一种善意。

说服不是争吵，赢的对面依然能赢

无论在哪里，我们都会遇到和我们意见不同、想法不同的人。有时候，为了实现某些目的，我们不得不想方设法地去说服对方，让对方认同我们的观点，接受我们的意见。需要注意的是，说服的最终目的是让对方同意我们的观点和意见，因此不管在这场说服中，有多少硝烟弥漫，我们都不能把说服当成一种争论，更不能把我们需要说服的对象看作是敌人，斗争性、对抗性的态度只会激发矛盾，让彼此之间的关系降至冰点。

美国著名的政治家、科学家本杰明·富兰克林在年轻时就是个非常优秀的年轻人，他聪明正直又十分热血，每次在与别人聊天的时候，如果对方提出一些他不赞同或者认为是错误的主张，他都会非常激动地与他们进行争辩，而几乎每一次，他都能以他的滔滔雄辩获得最终的胜利，把对方辩驳得哑口无言。可这并没有让人们更喜欢或者更尊重他。

有一次，一个非常关心富兰克林的朋友对他说道："本杰明，有时候你这个人真的太无药可救了，你总是这么无礼地和别人争论，直到把对方说得哑口无言。你的确很聪明，懂很多东西，但也正是因为这样，所以你的很多朋友都觉得和你在一起简直无话可说，事实上，或许远离了你，他们才会更快活。"

这番话让富兰克林触动很深，他反省了自己的一言一行，并给自己立下了规矩：以后再也不直接去反对或伤害他人。

这之后，每当再遇到类似的情况时，富兰克林都不会再咄咄逼人地去与人争论了，而是先找出一些特定的事例去肯定对方的某些观点，然后再提出自己认为存疑的地方，最终才一步步说出自己的想法。结果，事情有了奇迹般的转变，从那之后，虽然富兰克林不再雄辩滔滔，但人们似乎反而更容易被他说服，接受他的意见了。而他在与人交谈的时候，气氛也都变得融洽而愉快，不再出现那种相互攻讦的尴尬情况了。

可见，说服不是争吵，你赢得了辩论，却赢不了人心。

一场成功的说服，其结果应该是双赢的，你达成自己的目的，也让对方得到他所想要的东西。这就是说服与争吵最大的不同之处，争吵让两个人站在不同的对立面，大有不是你死就是我活的局面。而说服的双方实际上是可以站在同一阵营的，赢的对面也依然可以是赢。争吵可能会让你失去朋友，而说服则是帮助你将敌人变成朋友。

所以，无论什么时候，在开口说话之前，我们都应该明确自己的目的，想清楚眼下这场谈判的目的，究竟是为了分出胜负，还是完成说服，从而达到双赢的目的。如果你想要做的，是说服对方，让对方接受你的提议，按照你的想法去做事，那么就一定要能控制自己的情绪，哪怕周围硝烟弥漫，也不要在情绪的主导下把说服变成争吵。

要知道，如果你总是只会通过争辩和反驳的方式和对方交谈，那么在这场谈话中，你或许能够获胜，让对方哑口无言，但那样的胜利终究是空洞的，因为你永远无法获得对方的好感，把对方拉入你的阵营。当然了，如果局面实在已经脱离掌控，那么不妨暂且退避，想办法让自己冷静下来。最重要的一点是，无论当下有多么愤怒，都忍住那些不理智的言语，别在气头上说出令自己后悔的话。

可以抬高自己，但不能贬低别人

有这样一种人：他们才思敏捷，能力出众，有野心有才华，渴望成为众人眼中的焦点。于是他们想尽办法地表现自己，甚至不惜打压、贬低别人，来突出自己的优越感。

然而，事实上，这样的人往往很难得到别人的尊重和认可，不是因为他们自身不够优秀，而是因为他们在抬高自己的同时总也不忘踩别人一脚，如此的德行，又怎么可能获得其他人的好感呢？

秦强热情大方，对朋友和同事都非常友好，就是有个毛病：特别虚荣，爱炫耀。

刚调到新单位的时候，为了和尽快和同事打好关系，秦强常常会请大伙吃饭，还经常把家里别人送的东西带到单位来分给大伙。

秦强也勉强算是官二代，所以经常有不少人会往他家送东西，什么名烟名酒的，堆了不少。有一次，秦强从家里带了一条烟过来，和往常一样，给会抽烟的同事每人都发了一包，大家收了东西，自然都开始纷纷吹捧秦强。

秦强听好话听得飘飘然，心里越来越得意，不免就摆出了些高人一等的态度，笑眯眯地对同事们说道："这烟，就这么一小包，外头卖，一百一包。知道你们平时舍不得抽，都没尝过味儿吧？别舍不得，哥家里还堆着一箱子呢，抽完了来管哥要，这点东西哥还是便宜得起你们的！"

结果，这话一说出来，气氛顿时变得尴尬不少，之后，同事们也都开始渐渐疏远秦强，再也不肯要他给的东西了。

在这个时代，你想出头，想表现自己，这都没有什么错，但请不要去打压或贬低别人，这样只会越发凸显你品格和道德方面的不足。就像秦强这样，虽然表面上对同事非常大方，但却总爱在别人面前夸耀自己，为了凸显自己的优势，甚至用高人一等的态度打压、贬低其他人，这无疑是对他人尊严与骄傲的一种践踏，也难怪周围的人都不愿意和他交往了。

想在众人面前表现自己，获得他人的赞美与认可，这都无可厚非，但如果为了这一点就去贬低别人，那么这种做法不仅不可能帮你抬高自己，相反的，它只会更加暴露你的丑陋和卑微，让人更加厌恶你、蔑视你。

展现优秀的方法其实有很多，比如认真的工作态度，公正的处事方法，与人为善的生活哲学等等，只要你确实是优秀的，那么必然能被所有人都看到，你根本无需刻意去展示什么，或者炫耀什么。是金子，无论在哪里都能发出光芒，同理，是顽石，那么不管多么卖力都散发不出光彩。

一个喜欢四处炫耀，甚至通过贬低别人来抬高自己的人，无论在哪里都是不可能获得别人发自内心的尊重与认同的。而那些真正内秀于心、谦虚低调的人，他们丰富的内涵与得体的教养早已经融合在了一言一行之中，在举手投足之际不留痕迹地展现出来，哪怕没有刻意的显摆，也必然会成为人群中一道独特而突出的风景线。

用幽默化解尴尬

在聊天的过程中，常常可能会出现因"话赶话"而陷入尴尬的情况，虽然大家并非心存恶意，但发展到这一步，必然都会在彼此心中埋下疙瘩。在这种时候，幽默无疑正是化解尴尬的最佳良方。

小庄和小王是同事，小庄身高一米八五，高大帅气身材好，小王身高一米六五，短小精干，长得也挺一般。但偏偏小王的老婆长得特别好看，肤白貌美还身材高挑，这让小庄心里一直隐隐有些嫉妒。

有一次，一群同事吃完饭凑在一块聊天，聊着聊着就说起了各自的老婆。这时候，小庄突然酸溜溜地冲着小王说了一句："你说你这小矮子，上辈子是拯救了银河系吧，居然能娶个这么漂亮身材又好的老婆。你说我，高大英俊，其他条件也不比你差，怎么娶的老婆居然还不如你，怪没天理的！"

小庄这酸话一出口，气氛顿时变得尴尬了起来，那言下之意不就是在说小王处处不如他么，这让同事们怎么接话都不对啊！

这时，小王却笑了起来，说道："你没听过一句话吗？浓缩的都是精华。打个比方，你就像那电线杆子，我就是那浓缩的金条，你说这大家是喜欢电线杆子还是金条啊？"

小王一席话，引得大家"哈哈"大笑起来，尴尬的气氛也顿时一扫而光。

面对小庄半开玩笑的挑衅，小王完美地展现了自己的高情商，不仅幽默地化解了场面的尴尬，同时也给予了小庄不卑不亢的回击，着实令人称道！可见，幽默绝对是"救场"的良方，也是高情商人才的必备技能。

幽默不是深思熟虑的产物，它更像是一种智慧积累后的迸发，讲究随机应变、自然而成。幽默不是简单地讲个笑话，或做出滑稽的举动，它需要智慧来支撑，在恰当的时机灵光一现，却又叫人回味无穷，这才是真正高雅的幽默。

有的人以为，会开玩笑就叫幽默，这种理解其实是非常肤浅的。开玩笑只是一种流于表面的调侃，甚至如果把握不好度，开玩笑也会变成一种变相的欺负和恶意的嘲讽。幽默则不然，它所带给人们的笑是意味深长的，让人回味起来的时候依旧会绽放会心的笑容。

一个幽默的人，必定是一个心胸豁达、宽容善良的人，哪怕落入窘境，也能够以积极的心态面对人生，用幽默点亮生活。也正因为有这份从容和豁达，所以即使在面对别人不怀好意的挑衅时，依旧能用妙趣横生的方式来给予回应。

具有幽默感的人，必定拥有高情商，也只有这样的人，才能在任何情况下都控制好自己的情绪，用良好的心态应对一切打击和伤害。所以，想要培养幽默感，关键还在于锻炼自己的心态，而不是简单地去背几个笑话、记几句打趣的俗语。

除了心态之外，一个人的思维方式通常也影响着他的幽默程度。很多人之所以缺少幽默感，就是因为他们的思维方式非常单一，不管什么事情都是一条思路通到底，从来不会费神再去找别的思路或逻辑方式。而那些极具幽默感的人，他们的思路通常都非常灵活，心态也十分自由。他们不会拘泥于世俗的价值观，喜欢用多种思维方式去考虑问题，从来不拒绝那些看似天马行空的想法。

想要成为一个幽默家，就要如雄辩家一般，拥有驾驭逻辑推理的魄力；也要如诡辩家一般，拥有切割逻进程的机敏；还要如同诗人一般，拥有超越理性的浪漫细胞。幽默是最高级的说话之道，尤其是当你陷入窘境的时候，幽默绝对是化解尴尬的绝佳利器。

第八章 "领导力"话术：
三分能力，七分情商

所谓"领导"，"领"是引领，"导"是导向。简而言之，"领导"的职能就是要做好领头人，并且具有导向性。这就要求领导不仅仅在能力上要有所体现，更重要的是要能指挥得动手下的团队，让他们"听话"。要做到这一点，就得懂得，如何把话说到下属心坎里，让他们心悦臣服，甘心听从你的调遣。故而所谓"领导力"，三分看能力，七分还得靠情商！

领导，拼的就是情商

哈佛大学心理学博士丹尼尔·戈尔曼曾用两年时间对全球近 500 家企业的领导者进行了观察和分析，他发现，这些成功人士之所以具备超高的工作能力，并非是因为他们拥有超越常人的智商，而是因为他们都拥有高情商。因此，戈尔曼得出结论，认为在导致一个人获得成功的诸多因素中，智商所起到的作用只占据 20%，另外 80% 都应归功于情商。

丰富的知识储备，过硬的专业技术，这些都能让你成为一名优秀的员工，但仅仅只有这些，则是无法让你成为一名合格的领导的。作为领导，比起过硬的工作能力来说，更重要的是优秀的交际能力。你需要掌握的，不仅仅是本职工作上的事情，还得懂得如何更好地与人沟通，而影响沟通能力的最关键因素就是情商。

情商高的人往往都拥有较强的交际能力，擅长与人沟通，并能很好地控制自己的情绪，对他人情绪和心理的变化也有较为敏锐的感知能力。因此，高情商的人往往比低情商的人更具有领导力，因为他们更懂得如何准确地传达信息，并避免与人发生不必要的争执和分歧。

罗兰和林爽是同期进入公司的员工，两人虽然被分到了同一部门，但很显然领导对她们的重视程度是有很大差别的。罗兰毕业于名牌大学，外形高挑靓丽，自然是公司的重点培养对象。相比罗兰，林爽则要平凡得多，学历普通，长相普通，打扮也普普通通，属于那种丢进人群里就找不着的人。

或许正是因为不管相貌还是能力都比较出众，罗兰始终给人一种高高在上的感觉，就像个骄傲的公主一样，也正因为如此，所以在公司里，除了喜欢追着罗兰跑的男性之外，同部门的女性员工们几乎都不太喜欢罗兰。当然，罗兰也不太在乎这些，毕竟工作能力和工作业绩摆在那里。

到年底的时候，因为人事变动的关系，正巧空出了一个副经理的职位，公司决定进行内部竞岗。罗兰信心满满地递交了申请，在她看来，所有员工中，自己无论学历背景还是业务能力都是最出众的，谁也不会比自己更有资格得到这个升职机会。

可令人意外的是，最终被公司选中的人却是与罗兰同期进入公司的林爽。罗兰感到十分诧异，直接去了经理办公室，要求得到一个解释。

看着怒气冲冲的罗兰，经理笑着说道："其实你的业务表现确实是同期员工里最优秀的，你绝对是一名优秀的员工，但罗兰，你成不了一位合格的领导。其实在这次内部考核过程中，公司除了考察参与竞岗的员工的工作能力之外，也一直在私下考察每个员工处理人际关系的情况。林爽虽然学历比如你，工作能力方面和你比也算是不相上下，更重要的是，公司其实进行过一个秘密的投票，大部分员工都认为她更适合这个职位。而你，是所有参与竞岗的员工里得票最低的。"

罗兰无疑是优秀的，这一点谁都不能否认。但正如经理所说的，她虽然是一名优秀的员工，却成不了一个合格的领导。一个合格的领导，未必一定要比所有下属都更能干，但一定要能让所有下属都甘愿臣服，听从调遣。试想一下，如果你所有的下属对你都没有好感，甚至排斥你，那么即便你个人能力再强，也是无法真正领导好一个团队的。所以说，作为领导，真正拼的是交际、沟通以及处理人际关系问题的能力，而决定这些能力高低的关键还在于情商。

美国人类行为科学研究者汤姆士说过："说话的能力是成名的捷径。它能使人显赫，鹤立鸡群。能言善辩的人，往往使人尊敬、受人爱戴、得人拥护。它使一个人的才学充分拓展、熠熠生辉、事半功倍、业绩卓著。"而说话的能力正是情商高低最直观的一种体现，可见，缔造成功的关键，更多还是在于情商的训练和提升。

员工纠纷？高情商领导这样干……

只要有人的地方就会存在争执，无论在什么地方这都是不可避免的。对于领导来说，真正最具挑战性的问题，通常并非来源于工作，而是管理。人与人之间的矛盾与争执大多是由利益而起，而身在职场，这种利益冲突自然也就更加尖锐了。

同一行业的公司会因争夺市场资源而产生利益冲突；同一公司的部门会因争夺公司资源而爆发矛盾争端；就连同一部门的员工之间，也会因各种各样的利益关系而冲突不断。要想管理好一间公司、一个团队，让公司或团队中的所有成员都能把力往一块使，而不是给彼此下绊子，那么作为领导，就必须具备足够的能力来处理员工之间爆发的争端问题。只有让所有人都心服口服，才不会破坏员工之间的团结与合作。

当然，领导不是法官，不可能连员工之间鸡毛蒜皮的口角问题都去管，但如果员工之间的纠纷已经影响到了本职工作，甚至团体的工作进度，那么领导自然也就不得不出面来处理问题了。

俗话说"清官难断家务事"，员工之间的很多纠纷同样也是很难清晰地分出对错的。有的领导为了图方便，常常是一顿呵斥，各大五十大板，把矛盾压下来。但这种做法显然并不能完全根除问题，员工们或许会因慑于领导的权威而暂时退却，但很快，不曾彻底熄灭的战火终究会被再次挑起，甚至愈演愈烈。所以，从长远的角度来看，为了团队未来的发展，在处理员工纠纷的问题上，领导最好还是慎重行事。

面对纠纷，高情商的领导会先深入了解导致纠纷产生的原因，然后再针对这一原因进行说服和管束，力求做到一针见血。人们进入职场，最主要的目的是为了生存，而公司能够为员工提供的资源毕竟是有限的，想要获得更多，你就必须去和别人争抢，很多矛盾与纠纷其实都是在这种争抢的过程中产生的。

当然，除了职场的利益纠纷之外，情感问题也是导致纠纷产生的重要原因之一。人原本就是情感动物，有各自的喜恶，可能天生就喜欢亲近某一类人，或厌恶某一类人，这些都是非常正常的。在一个团队里，大家不仅有利益的牵扯，而且朝夕相处，感情方面的联系自然更加复杂。面对这些复杂的人际关系，想要真正做到抽丝剥茧、公平处事，确实不是件容易的事。通常来说，要想解决这些难题，高情商的领导也有一套自己的方法。

首先，调查时多方求证。

领导出面解决员工纠纷，目的是为了找到一个解决办法，而不是听员工诉苦。所以，在处理纠纷的过程中，领导一定要做到能服众，公正对待每一位员工，不能只听一人之言就妄下论断。毕竟人在陈述事情的时候，不管有意还是无意，往往都会以更利于自己的角度去叙述，所以领导一定要多方求证，保证处理结果不至于太过偏颇。

其次，处理时力求公正。

只要是人都会有情绪，领导也不例外。但我们应该明白，作为一个领导，权威的体现很大程度上正是来自于为人处世的公正。因此，在处理纠纷的时候，领导一定要懂得克制自己的情绪，不能因为与某一方亲近而徇私，只有做到公平公正，才能最大程度地维护团队的和谐与团结。

第三，调解时灵活多变。

弄清楚纠纷产生的始末之后，就到了下最终判决的时候。在这种时候，如果双方纠纷已经对工作造成影响，那么领导就必须按照规章制度对其进行处罚。为了彻底结束这件事情，在宣布处罚之后，领导还必须担负起调解双方关系的责任。具体的调解方式有很多，主要还是应该根据员工性格的不同和具体矛盾产生的原因来进行灵活的选择。

最后，让众人引以为戒。

领导亲自出面解决员工纠纷，为的不仅仅只是结束眼下的一次纠纷，而是要建立正常和谐的工作秩序。所以，在纠纷解决之后，领导应公开重申此事的影响，让其他人也引以为戒，尽可能保证公司内部不要再出现类似的情况。

没人喜欢命令式的语言

真正高明的领导讲究以德服人,靠自己的能力和公正去震慑下属,只有那些愚蠢又没有本事的领导,才会用高高在上、颐指气使地去压人。要知道,没有任何人喜欢被轻视,被高高在上地命令,即便是你的下属,也不会总喜欢听到那些命令式的语言。

据一项调查表明,在现代企业中,有70%的员工选择离职的原因都与顶头上司有关。可见,在一个企业中,领导者对员工的影响是非常大的,一个企业或一个团队是否能够留住人才,与领导的管理能力有直接的关系。

老陈自己创办了一个公司,因为早年积累了不少人脉关系和资源,公司在运营方面一直都比较顺利。但不久之后,老陈就发现一个问题,那就是公司的销售部门辞职率很高,留不住人。

销售部是公司的重点部门之一,待遇是全公司所有部门中最优渥的,可为什么却无法留住员工呢?为了搞清楚这个问题,正好最近老陈一个朋友的儿子小刘要实习,老陈就把小刘安排进了自己的公司,让他做"卧底",去打探打探,那些员工究竟不满意什么,为什么总想着要辞职。

刚到公司没几天,小刘就发现问题所在了。销售部的经理老李是个工作能力非常强也非常严肃认真的人,他有个习惯,那就是每次在吩咐手下员工做事之后,都会态度强硬地要求他们把自己刚才下达的命令复述一遍,确保没有任何纰漏。

对于老李的这种习惯,销售部很多员工都颇有微词,觉得他态度嚣张,不尊重人。当然,这些微词也只敢在心里想想,谁也没胆子说出来。

有一次,老李吩咐小刘去做几个任务,吩咐完之后又像往常那样,让小刘复述一遍。当时小刘稍微晃了一下神，老李吩咐的事情又有点多，复述的时候就漏了几条。结果，老李一副不耐烦的样子，冲着小刘毫不留情地骂了一句："这脑子留着干什么用！"然后扭头就走了。

实习期结束后，小刘把自己在销售部的事情向老陈汇报了一遍，当提及老李的时候，小刘愤愤不平地说道："那天我真想冲进老李办公室，把他说的话重复一遍之后再把他骂个狗血临头，然后一丢辞职信，潇洒地和他拜拜……要不是记挂着叔你交给我的任务，我当时真特别想那么干啊！"

这回老陈算是明白，为什么销售部的辞职率如此高了。

客观来说，老李之所以每次都让员工复述自己的话，为的是保证工作不出纰漏，双方的沟通也不存在分歧。但问题是，他那种颐指气使、高高在上的态度，实在是很难让人生出好感。尤其当他命令下属复述他下达的命令时，很可能会让对方误会，以为他是故意在侮辱自己的记忆力和理解力。

人都是有自尊的，没有谁会喜欢被别人当成工具一样随意指挥、随意命令。作为领导，你之所以下达任务给你的下属，为的是让他漂亮地完成任务，既然如此，那么何不在下达任务的时候用一种更能令对方愉悦的方式呢？

相比命令式的语言来说，以平等和信任的姿态传达出来的命令显然从心理上来说更能让人接受，而且还能增强员工的责任感。领导以命令式的语言发布指令，便会让员工觉得，他所要做的事情都是为了老板而去做的；相反，如果领导是以平等和信任的方式传达指令，那么显然更有助于让员工意识到，自己将要做的事情是与自己的利益息息相关的，而不是为了下达命令的领导去做的。

批评的学问和技巧

无论多么优秀的员工，都不能保证自己在工作上从不犯错，因此作为领导，批评下属自然也是管理的重要手段之一。

被奉为"经营之神"的松下幸之助是日本松下电器的创始人，他的管理理念一直备受推崇，全世界各大企业都争相学习和模仿。

有一次，松下幸之助的一名员工犯了错，他把这位员工叫来以后诚恳地对他说道："关于你这一次的事情，我打算提出书面的批评。当然了，如果你本人对此毫不在乎，那么我们随时可以到此为止。如果说你对我的批评感到不满，认为我这样做不公道，那么我同样可以收回我的决定。但如果你认为我说的有道理，并且愿意诚恳地接受我的批评，那么，尽管这一次你要为你的错误付出一些代价，但我认为这是完全值得的。你将会在这一次的错误中吸取经验和教训，这有助于你成长为一名更加优秀的员工。所以，现在请思考一下，然后告诉我你的决定。"

听了松下幸之助开诚布公的话，员工点点头，告诉松下幸之助，他从心底里接受他的批评。松下幸之助微笑着说道："你十分幸运。如果有人能在我的职业生涯中，这样开诚布公地对我提出批评，我会非常感谢他。不过遗憾的是，即便我真的做错了事情，你们也不会当面对我提出批评，而是选择在私底下议论。这样的结果会导致我不停地在同样的错误中纠缠。一个人职位越高，地位越高，他接受批评的机会就会越少。而你，因为有我和其他管理者的监督和批评，可见你是多么幸运啊。这种机会对于我来说则是求之而不得的。"

老板批评犯错的员工，这本是一件再正常不过的事情，松下幸之助完全可以不理会员工，自己做出裁决。但他并没有这样做，而是把选择权交给了员工，开诚布公地把自己的想法告诉他，并由员工自己来选择是否接受书面批评。松下幸之助的这种做法给予了员工极大的尊重和信任，让员工心悦诚服地接受了他的批评。不得不说，"经营之神"果然名不虚传，其情商之高实在令人叹服。

金无足赤，人无完人。这个世界上本就不存在完美，无论多么优秀的人，终究都会有犯错误的时候。而作为领导，我们批评员工，最终的目的是为了帮助员工发现错误，并改正错误，避免在下一次遇到同样的场景时继续犯错。

有的领导对这个问题却总是拎不清，总觉得自己是领导，比员工高一等，所以理所当然可以随意批评教育对方。抱持这样的观念是非常危险的，要知道，人都有自尊心，谁也不会喜欢被人随意地轻视和辱骂。作为领导，在批评员工时如果拿捏不好这个分寸，那么不仅无法帮助员工取得进步，反而可能让彼此产生隔阂。甚至于影响到整个团队或部门的工作效率和工作成果。

批评是为了激励员工更好地奋进，所以我们应该明白，批评的重点不在于指责或谩骂，而是人才的培养和能力的提升。所以，批评人也是要讲究方法和技巧的。

1. 批评之前先了解事情的真相

很多事情往往都不像我们表面上看到的那么简单，所以，在批评别人之间，一定要了解清楚时间的真相，在没有充分的证据之前，切莫妄下定论。

2. 私下批评比当众批评更好

即便员工犯了错，作为领导也应该充分考虑员工的自尊心和脸面。所以，批评最好还是在私下进行，尽量避免当众批评员工，以免影响员工的工作效率和积极性。如果遇到一些比较严重的问题，需要公开进行批评，那么也应该像松下幸之助那样，提前告知员工，让他有心理准备。

3. 批评与教育相结合

教育才是批评的最终目的，我们批评犯错的员工，是为了教会他正视并改正自己的错误，所以在员工犯错之后，除了批评之外，也不能忘记教育和鼓励，千万不要本末倒置。

4. 打一"巴掌"得给一"甜枣"

驭人之术，关键在于松弛有度，给完对方"巴掌"之后，一定要记得用"红枣"安抚，一张一弛，一进一退，二者结合，才能牢牢把人心抓在手里。

建议比命令更容易让人接受

一位秘书是这样描述一位他非常敬佩的领导的：

"经理从来不会用命令的口气来指挥我们做事情，每次他把自己的想法和意见说出来之后，都会非常诚恳地让我们提意见，这让我们觉得他非常尊重并且看重我们。每次他需要改动助手起草的文件时，都会用一种商量的语气对助手说：'这里如果改成这种形式，是不是更好一些？'通常情况下，他很少会干涉手下员工的做事方法，只在有需要时会向对方伸出援手……"

从这位秘书的描述中不难想象，他所敬佩的这位领导者显然是个非常懂得尊重人的成熟领袖，讲究以德服人，而不是权势压人。在这样一位领导身边工作，确实是件轻松愉快的事情，也难怪这位领导能够得到秘书发自内心的赞誉了。

尊卑观念是封建社会的产物，现如今，这种观念已经过时了，即便在社会上依然存在着地位和权势的高低之分，但从人格上来说，人与人之间是平等的，这种平等不会因为社会地位的高低而受到影响。所以，即便是领导与下属之间，也应该懂得彼此尊重。企业中的上下级之分，更多的是一种责任方面的悬殊，而非领导者和员工个人之间的差别。

赖夫·纳格里是俄亥俄州德通市一家收款机公司的业务主管，这家公司在全国的业绩都是十分突出的，这其中纳格里做出的贡献更是不容小觑。纳格里曾表示，公司之所以能取得如此骄人的成绩，主要是因为业务人员总能保持高超的战斗力，能够如此的秘诀就在于，领导从来不会用无休止的命令和说教去对待业务人员，只会以真诚平等的姿态给予他们如何将业务发展得更好的建议。

在工作中，纳格里从不会对下属说诸如这样的话："想要留在这里工作，你就得勤勤恳恳地做出成绩来。"

相反，他更喜欢这样对下属说："如果你愿意多往外跑一跑，多打几个电话，那么我相信你的收入一定会大大增加。"

纳格里认为，如果想要和别人展开合作，那么就一定不能用命令的语气或方式去和对方沟通，而是应该尊重对方，征询对方的意见和看法。如果你总让对方觉得自己受到强迫，那么彼此双方是很难建立起愉快的合作关系的。

一位非常成功的企业家在分享自己的成功经验时也说过这样一句话："企业的今天离不开我们员工们兢兢业业的工作，有人问过我，到底有什么秘诀，可以让企业拥有这样强大的凝聚力？我的回答是：记住无论对任何人说话，都不要用命令的方式，哪怕他是你的下属，要知道，建议通常比命令更容易让人接受。命令无效，请教事成。"

的确，在生活中，没有谁会喜欢被命令、被支使，这会让人觉得自己不受尊重。每个人都喜欢展示自己，希望自己处在比别人更优越的位置上，甚至喜欢用自己的观点去影响别人，这是人与生俱来的一种侵略性。但相应地，你有这样的渴望，别人同样有这样的渴望，没有谁会甘愿居于别人身下，成为配角。

试想一下，一个人对你说的是："到时间了，赶紧去睡觉！"另一个人对你说的是："现在时间已经很晚了，准备睡觉吧，不然明天早上会没有精神的。"你会更愿意听谁的话？其实，追根究底，二者的目的都是同一个，那就是劝你去睡觉，都是对你的一种关心。但很显然，前者生硬命令的语气却难免会让人心中产生抵触和逆反的情绪，而后者充满关心的建议则更容易让人感到心中熨帖。

所以，如果你想树立敌人，那么就去压制他、命令他。但如果你渴望拥有的是朋友，那就收起你的骄傲和高高在上的态度，无论何时，建议都比命令更讨人欢心。

开会得像女人的裙子，越短越好

不管在什么样的企业中，都免不了会有各种各样大大小小的会议，比如每天的晨会，每周的例会，总结工作的简会，发起头脑风暴的讨论会，年终总结的表彰会，来年计划的研讨会……有人就曾这样总结过自己在公司的情况：三分之一的时间用来准备开会，三分之一的时间用来开会，最后三分之一则是整理会议纪要。

有过开会经历的人都能体会，"马拉松"式的会议无疑是令人反感并且浪费时间的，但许多领导在开会的时候，却都喜欢拖泥带水，没完没了，真正有用的会议内容却可能仅仅只占了会议时间的三分之一，甚至还不到。

企业开会，为的是把问题讨论清楚，处理完善，不是为了做表面工作，更不是拿来浪费时间的。会议上最忌讳的就是冗长的发言，漫无边际的胡扯不仅容易让人感到无聊和疲惫，并且还会模糊重点，让开会的效果大打折扣。鲁迅先生说过："时间就是性命。无端地空耗别人的时间，其实是无异于谋财害命。"而作为领导，相信没有任何人想对自己的员工进行"谋财害命"。

日本某企业就曾得出这样一个计算开会损耗的公式：会议的机会成本＝每小时平均工资的 3 倍 X2X 开会人数 X 开会时间（小时）。这个公式并不是凭空得来的，平均工资之所以要乘以 3，是因为据调查通常有资格参与会议的人员每小时所创造的劳动产值至少是平均工资的 3 倍；后又要乘以 2 则是因为，会议的召开会导致正常工作流程的中断，所造成的损失至少是平时的 2 倍。

可见，想要节约成本，减少开会损耗，就得让开会时间像女人的裙子那样，越短越好。言简意赅、直截了当、开门见山，这是每个领导在会议讲话时都应遵循的重要原则。

德国著名诗人及戏剧家贝托尔特·布莱希特是个非常不喜欢参与聚会的人，尤其讨厌各种聚会开始之前那些冗长的发言。

有一次，布莱希特被邀请参加一个宴会，并且主办方还表示，希望他能致开幕词。虽然布莱希特心里不太愿意，但又实在盛情难却，只得无可奈何地答应了。

到了开会的那天，布莱希特还是准时到场了，主办人先走上台，发表了一通冗长又煽情的贺词，对各位到会者表示了欢迎，然后便激动地宣布道："现在，请我们著名的，广受欢迎的大戏剧家、大诗人贝托尔特·布莱希特为本次大会致开幕词！"

在众人的掌声中，布莱希特快步走上了演讲台，就在记者们纷纷举起相机，拿起小本子，打算把他说的每一句话都一字不漏地记录下来时，只听布莱希特快速而清晰地说了一句话："现在，我宣布，会议可以正式开始了。"

哈佛大学有这样一句名言："傻瓜用嘴讲话，聪明的人用脑袋讲话，智慧的人用心讲话。"用嘴讲话的人，总是喋喋不休，却常常抓不住重点，容易把话说得又臭又长；用头脑讲话的人，在开口之前便已经有了计划和打算，往往能够言简意赅，一针见血地把自己的意思表达清楚；而用心讲话的人则遵循本心，一语中的，很少会在套话、官话中纠缠。布莱希特无疑正是一个遵循本心、一语中的的智者。

当然，作为一个领导，你的发言很大程度上影响着会议的气场和下属的情绪，因此往往无法做到像布莱希特这般洒脱、遵循本心。但至少你得成为一个懂得用头脑讲话的聪明人，一针见血地抓住要点，而不是喋喋不休、废话不断，却始终找不到重点。

开会这档事，原本就已经很缺乏乐趣，让人昏昏欲睡了，如果发言者再语无伦次地长篇大论，那么只会让这场会议更加让人难以忍受。所以，作为一个高情商的领导者，在开会时一定要懂得控制发言的时长，让你的讲话言简意赅、短小精悍。

谎言，有时恰恰是最有用的交际手段

撒谎绝对不是一个好习惯，这几乎是所有人都能达成的共识。但不可否认的是，在现实生活中，谎言有时候恰恰是最有用的交际手段。甚至客观来说，有的时候，在某些场合下，谎言显然要比实话更容易获得别人的好感。

1961年的一天，许多情绪激动的记者都聚集到了美国国会，要求政府有关方面对参议院活动事件作出相关解释，受报社指派来报道这一事件的贝克也在其中。

面对这样混乱的局面，副总统约翰逊突然一把抓住了贝克的手臂，然后把他带到了办公室。约翰逊对贝克说道："请跟我过来，我一直都在找您。事实上，您是这里唯一最了解真实情况的记者了，我想告诉您，如果不是我的话，那么肯尼迪是不可能在这里通过'十诫'立法的……"

之后，约翰逊一边滔滔不绝地和贝克说着话，一边拿出一张纸快速地写着什么，然后把秘书叫了过来，将纸条交给秘书。不一会儿之后秘书就回来了，并交给了约翰逊一张纸条。对于这个细节，贝克并没有过多留意，毕竟约翰逊是副总统，在这种时候处理一些事务也是非常正常的。

在此后大约一个半小时的谈话中，约翰逊告诉贝克，他非常喜欢他的文章，并称自己是他的忠实粉丝，而且对他的工作、记者才华等都进行了一番热情的赞扬，这让贝克感到十分惊讶，他完全没想到约翰逊竟然对他了解至此。

这场愉快的谈话让贝克瞬间扭转了对约翰逊的印象，两人之间原本剑拔弩张的气氛也变得平和下来。再后来，贝克甚至加入了约翰逊的竞选团队，并在其后的职业生涯中成了约翰逊班底中的骨干人物。

有趣的是，很久以后，贝克才知道，原来那天约翰逊副总统递给秘书的纸条上写的是这样一句话："我是在和谁说话？"而答案，自然就在秘书拿回来的纸条上。

是的，约翰逊在说谎，并且成功地用这样一个算不上恶意的谎言，拉近了与贝克之间的距离，化解了彼此的矛盾，甚至用这个谎言开了一个好头，为自己赢得了一个工作上的亲密伙伴。不管从哪一方面来说，即便这是一个谎言，但它所带来的结果却是令人欣喜的。

在很多交际活动中，不同场合下说出的不同谎话总是会产生一些特别的微妙效果，而这种效果显然是我们在社交过程中喜闻乐见的。即便撒谎不是什么好习惯，但当它成为一种社交手段之后，却往往能为我们带来更愉悦的结果。

比如当你去朋友家做客的时候，主人热情地为你下厨做了一桌子菜，然后欣喜地问你合不合口味，喜不喜欢，但很不巧的是，这些菜还真不是你喜欢的，你该怎么办呢？如果硬着头皮吃下去，那就是让自己活受罪；但如果诚实地告诉主人你并不喜欢，那么无疑会让对方陷入尴尬，甚至伤害到对方的感情。在这种情形下，高情商的聪明人通常会利用一些小小的"谎言"来巧妙表达自己拒绝的态度，比如告知主人："我特别喜欢吃这个菜，味道特别好，就是我胃不行，吃多了受不了。"虽是谎言，但无疑带来了两全其美的结果，何乐而不为？

撒谎固然不是好习惯，但谎言却未必都不可饶恕。当然，需要注意的是，即便谎言有时能够成为绝佳的交际手段，我们也应当为自己设立一定的原则和手段，不要让谎言成为伤害他人的利刃，更不能为了牟利而放弃自己的道德底线。

重视团队情绪，妥善处理抱怨问题

不管多么优秀的团队，必然都会产生问题和矛盾，这是非常正常的一件事情。如果一个领导大言不惭地说："我的团队是没有任何问题的！"那么只有两种可能，一是他目光短浅，只看到现阶段的成绩，却不能窥见未来的隐患；二是他对自己的团队根本不够了解。

所谓"静水流深"，表面的和平往往正是最应该警惕的。只要是有人的地方，就一定会产生纠纷，如果再牵扯上利益，那便是一个暗藏杀机，随时可能掀起腥风血雨的江湖了。所以，作为领导者，为了保证团队的稳定与和平，应该时刻关注团队成员的情绪，尤其要谨慎对待下属的抱怨，了解他们的心态，从而建立一种"全面沟通"的思维。

通常来说，容易引发员工抱怨的问题主要有以下几类：

1. 待遇问题

待遇问题几乎是所有员工都最为关注的问题之一，毕竟对于大多数人来说，身入职场，赚钱始终是第一要务。因此，最容易引发员工抱怨的，通常都是与待遇相关的问题。比如觉得自己受到不公正的待遇，得到的回报与付出不符，甚至怀才不遇，不能一展所长等等。

员工之所以会产生这方面的抱怨，通常有两方面的原因：

第一，公司的奖惩制度不完善，的确存在不公正的情况。

如果是这种情况，那么领导就需要先进行周密的调查，然后再根据实际情况作出适当的调整，从而提高员工的工作积极性，以消除负面情绪对员工工作状态造成的不良影响。

第二，员工自身缺乏大局观，只懂得从个人方面考虑。

如果公司的奖惩制度并没有什么纰漏，只是员工单方面地认为目前所得到的一切与自己的愿望不符，因此才控诉公司待遇不公正，那么领导不妨先私下与员工谈一谈，在不伤害其自尊心的前提下，引导他们明白自身存在的问题。

2. 领导的管理手段问题

下属抱怨领导，这可以说是办公室里最常见的情形了。领导与下属毕竟是上下级的关系，虽然大家有共同的利益，但从某种角度上来说，双方都存在一定的对抗关系，因此通常来说，领导和下属之间的关系注定不会多么和谐。

下属对领导的抱怨通常有两种情况：

一种是习惯性抱怨。所谓习惯性抱怨，就是指下属对领导的抱怨没有具体指向某一事件，而且即便经常出现习惯性抱怨，但实际上下属心中对领导的意见并没有那么大。更重要的是，这种习惯性抱怨通常不会涉及到工作能力问题，更多的是针对领导性格或处事方式发的牢骚。

另一种是有原因的抱怨。通常这种有原因的抱怨都是具体针对某一事件的，在这一事件中，员工很可能对领导的某些表现或决策感到不满，所以才会产生有原因的抱怨。如果是这种情况,那么如果领导愿意和员工开诚布公地谈一谈,了解具体的情况,相信对工作是会有很大帮助的。

3. 其他方面的一些问题

除了以上说的两种比较严重、值得重视的情况之外,还有不少五花八门的事情都可能引发抱怨。比如办公室环境不太好、打卡机经常故障、停车场脏乱差、食堂饭菜味道不佳……

在这个世界上,不抱怨的员工就像濒临灭绝的动物一般,是非常稀有的。贪婪是人的本性之一,这一点谁都不可否认。不管拥有多少,人们总是会渴望得到更多,抱怨便是在这种渴望中逐渐滋生的。

解决摩擦之道——大局为先

职场上的人际关系是非常微妙的,因为总是掺杂着不少利害关系,故而常常会发生各种大大小小的摩擦。不管是领导与员工之间,还是员工与员工之间,甚至员工与客户之间,都可能因为各种原因而产生摩擦,在这种时候,领导是否有能力协调解决这些摩擦,直接关系了企业工作流程是否能够畅通无阻地进行下去。

需要注意的是,作为领导者,一定要具有大局观,不管面对什么争端,唯一的一个大原则就是要以大局为先。这不仅是出于利益最大化的考量,同时也是出于领导所肩负的责任的考量。

连飞在上海一家安防科技公司任职总经理。一天下午,他正在办公室里处理文件时,突然听到门外传来一阵激烈的争吵。连飞皱眉等了一会儿,却听到争吵声不仅没有消失，反而有愈演愈烈之势，甚至不时还夹杂着一两句难听的辱骂。

通常来说，下属之间的争执，连飞一般是不会去干涉的，但这一次的争吵似乎比以往要严重得多，为了避免双方在情绪激动之下做出过激行为，连飞还是快速站起身走出办公室，把正在争吵的两个员工小马和小胡叫了进来。

看着自己手下这两个吵得面红耳赤的得力助手，连飞无奈地问道："说吧，发生什么事了？吵什么呢？"

听到领导问话，一脸愤愤不平的小胡率先说道："我实在是忍不了了！他给出的数据都错了多少次了，让他去改，结果这一次错得更离谱！严重影响了我的工作，他这人就是这么一贯靠不住！"

小马也不甘示弱地反唇相讥道："多少次？顶多一两次！而且那是我的问题吗？那是软件统计的时候出的漏洞，凭什么怪在我头上？说得好像你就从来没出过问题一样，你有什么资格在那里对我指手画脚啊！"

见这两个人又要开吵的样子，连飞赶紧打断道："好了，你们说的问题我知道了。这件事到此为止，谁都不许再提了。工作中犯错是在所难免的，既然错误都已经犯了，再浪费时间去争论是谁的错也于事无补，倒不如好好想想犯错的原因是什么，以后怎么避免。你们是搭档，在一块的时间也不短了，我希望你们以后在做事情的时候能够以大局为重，好好想想眼下最要紧的事情到底是什么。"

诚如连飞所说，在工作中，谁都有犯错的时候，但既然错误已经犯下，再浪费时间去争论谁该负责是毫无意义的，倒不如赶紧想想补救的办法，并从中找到导致错误的原因，避免下次犯相同的错误。大局为重，在职场上，这是处理一切摩擦的大前提。

处理摩擦，仅仅依靠简单的打压或放任是远远不够的，要做到大局为先，在处理摩擦的时候，领导就要把握好几个原则。

1. 小摩擦不干涉，大摩擦抓住两个关键点

任何事都有轻重缓急之分，人的精力和时间也都是有限的，因此领导不可能把所有事都抓在手里。对于员工之间的一些小摩擦和小分歧，领导没有必要浪费时间去干涉，留给他们自己协调解决就可以了。但如果双方之间的摩擦影响到工作，或涉及相关业务问题，那么领导就必须出面解决了。

在解决大摩擦的时候，有两个关键问题是需要注意的：第一，当发生摩擦的双方是同等级职位的时候，领导只需摆正态度，公平处理即可；第二，如果发生摩擦的双方是上下级的关系，那么处理起来就会相对麻烦一些。通常来讲，上下级之间发生摩擦，多半道理都是在职务较低的一方，但职务较高的一方毕竟是领导，如果丝毫不给面子，那么对以后开展管理工作也是极为不利的。所以，在这种情况下，一定要充分考虑各方面的情况后再表态，既不能寒了下属的心，也不能完全不给职务较高一方的面子。

2. 保持中立，公正处事

虽然我们一直强调大局为先，但不管怎么样，作为领导者，在解决摩擦的时候，都必须保持中立的原则不可动摇。即便是出于为大局考虑，不得不偏袒其中一方，在私底下也应该给另一方做出补偿，并开诚布公地与发生摩擦的双方进行交谈，让他们明白，从大局考虑的处理结果，未必就代表了真正的解决意见。

激将法：骄傲员工的克星

对于领导来说，最难对付的员工类型无疑是那种有本事却又非常骄傲的人。骄傲的人重面子，难管教，如果再有几分本事，那的确令人头疼。既然是人才，自然要想办法留下，可仅仅留下是不够的，你还得收服他，让他听从你的指挥，这样才能真正把人才物尽其用。

其实，对付骄傲的员工，请将不如激将。越是骄傲不服管教的人，自尊心和好胜心也就越强，利用好这一点，就能有效地调动他们的工作积极性，激发他们的上进心，从而让他们更加斗志昂扬地投入工作。

路厂长手下新来了两个小学徒，一个叫小刘，一个叫小方。小刘这个人脑子机灵，手脚麻利，聪明得很，但就是性格有些懒散，偏偏性子还挺傲。带他的师傅反映过好几次，说没法子管住他。小方和小刘不同，虽然从天赋上来说，小方可能比小刘稍微欠佳，但他是个特别勤奋又特别好学的年轻人，听话乖巧得很，很得厂里老师傅们的欢心。

经过一段时间之后，路厂长通过考核，决定让小方提前定级出徒。其实，单从技术层面上来说，小刘的手艺不比小方差，但一方面，因为公司制度的限制，所以目前只有一个出徒的名额；另一方面，路厂长也还在琢磨着，要怎么压压小刘的性子，把他管住。

令人意外的是，消息刚一公布下来，小刘就直接去了厂长办公室，满脸不服气地质问厂长，为什么定级出徒的人是小方而不是自己。看着小刘满腹牢骚的样子，路厂长算是明白了，这小年轻一直存着争强好胜的心思呢！

摸清楚小刘的想法之后，路厂长想了想，决定将计就计，对他用上一出"激将法"。路厂长对小刘说道："其实，单从技术方面来说，你和小方称得上是不相伯仲的。但你也知道，在全年生产竞赛里，这小方可是夺魁6次，还有3次亚军呢。你琢磨琢磨，他这一年能干一年半的活儿，你能和他比？你有什么优势和自信啊？"

听了路厂长这话，小刘傻了，虽然他一直觉得自己技术比小方好，脑袋也比小方聪明，但路厂长说的这些也的确是事实，他根本无法反驳。

路厂长又接着说道："你想想在平时的工作里，小方这孩子不怕苦、不怕累、不嫌脏，什么活儿都抢着做。你呢？别说主动了，恨不得拨一拨才能动一动，有时候甚至连拨都拨不动。你要真是觉得不服气，那你就拿出精神来，好好做出个样子，让大伙瞧瞧你是不是真比小方强！"

路厂长这一席话算是彻底点燃了小刘埋藏在心里的好胜小火苗，后来，为了证明自己，小刘一反常态，干起活简直判若两人。次年年底的时候，小刘以优异的表现顺利得到了定级出徒的名额，并且以骄人的业绩被评为公司的"先进工作者"。

世界上总是有一些人，又骄傲，自尊心又强，你苦口婆心地和他讲道理，他根本不放在心上；你疾言厉色地压制他，他也根本就不买账。但如果你挑起他的好胜心，刺激到他的自尊心，那么他立刻就能像变了一个人似的，卯足一百二十分的精神去做某件事情。

作为领导，如果你手下有这样的员工，那么一定要学会善用激将法，这种管理方法绝对称得上是骄傲员工们的"克星"。但也要注意，激将法只适合用在那些能力较强但心高气傲、作风散漫、性格大大咧咧的人身上。

第九章 混职场，学会说话很重要：
让情商成为你的职场加油站

混职场，要会做事，但更要会说话。职场就像一个复杂的关系网，有同事之间的关系，上下级之间的关系，部门与部门之间的关系，还有与客户之间的关系等等。想要在这张关系网上走得顺畅，就得学会如何与人沟通，和人"说话"。

忠诚应该时不时拿出来显摆一下

一位哲学家曾说过："一盎司忠诚，相当于一磅智慧。"

在职场中，老板最喜欢的员工有两类，一类是有能力的，另一类则是忠诚、值得信任的。有能力的员工能够为公司创造价值，而忠诚的员工则能够成为老板的心腹，委以重任。毕竟在这个社会上，有能力的人很多，只要开得起价钱，你就能购买到相匹配的技术和能力；但忠诚的人却难找，尤其对于上位者而言，能够得到一个值得信任的人向来不是件容易的事。

混迹职场，忠诚可以说最可贵的素质之一。一个员工，如果连基本的忠诚都没有的话，即便能力再强，也是无法得到老板的信任和重用的，毕竟老板永远也不知道，哪一天这个"得力助手"就会毫无负疚感和责任心地转投他人麾下了。

所以，在职场中，想要得到重用，有机会施展抱负，就要时不时地把你的忠诚拿出来显摆一下，只有老板信任你，愿意接纳你，你才会有机会走向更大的舞台，获得更多的机会。

王勇和李明是同学，两人都是研究生学历，毕业后又很有缘地应聘进了同一家公司。王勇和李明都是非常优秀的人才，公司对他们的培养也十分重视，两人初入职场，自然也都抱着要大干一番的心思。

起初，对于这份工作，王勇和李明都是非常满意的，毕竟待遇高福利好，发展前景也不错。但有一段时间，公司高层突然不知因为什么缘故经历了一番"大清洗"，运营方面也出了一些问题，闹得人心惶惶，不少人都在私底下议论，担心公司可能撑不过这一变故。

听多了同事们的议论之后，王勇心里也非常忐忑，成天琢磨着要怎样"自救"。正巧在这个时候，他以前跑业务时认识的一位主管向他发出邀请，让他跳槽去他们公司工作，王勇把这事告诉了李明，并表示可以和对方沟通，带他一块离开。但李明听完之后却拒绝了王勇的提议，并建议王勇应该和他一起留下，和公司共渡难关。虽然李明分析了种种利弊，并肯定地表示公司一定能度过这个坎儿，并且以后还将大有前途。但王勇在权衡利弊之后还是选择了辞职，跳槽去了别家公司。

后来，留在公司的李明更加积极地投入工作，并暗暗留心公司在运营方面出现的一些问题和弊病，并针对这些问题和弊病做出了一份策划案交给老板。老板非常赏识李明的才华，不久之后就把他调任到了公司旗下的一家子公司任总经理。而公司内部的问题也如李明所预料的那样，有惊无险地度过了。

五年后的同学聚会上，李明和王勇再次相遇，这时候的李明依旧还在那家公司工作，并且已经成为了公司总部的部门经理。而王勇则刚跳槽不久，刚刚开始他毕业之后的第五份新工作，依旧是一名小职员。

在职场中，忠诚绝对是一项比能力更重要的品质之一。在公司面临难关之际，李明的忠诚让他赢得了老板的信任，同时也赢得了未来发展的机会。而缺乏忠诚度的王勇，每次在遇到困难时选择的都是逃跑而非承担，最终的结果自然只能不愠不火地在各个企业做着最基本的工作。毕竟一个连与公司共患难都做不到的员工，恐怕也很难得到老板的肯定和认可。

忠诚不仅仅是一种品质，更是一种担当，一种责任，一种握在手中的贵重筹码。一个有能力而又忠诚的员工，无论走到哪里都能得到老板的喜欢与欣赏，而老板的肯定无疑就意味着关乎未来发展的机会。所以，不要吝啬展示你的忠诚，在职场上，它是比能力与智慧都更贵重的资本。

如何应对领导下达的错误命令

在现实生活中，常常都能听到下属凑在一起抱怨领导，诚然，能成为领导未必就意味着一定比下属优秀，毕竟这其中可能涉及了多种因素，但不管怎么样，既然能够身居高位，说明必定有过人之处。不论是家境、背景甚至运气，具备这些条件同样也是过人之处。

高情商的职场人士都明白这个道理，所以不论遇到什么事情，面对什么人，他们都能泰然处之，成熟理智地应对一切局面。但在现实中，大多数职场人士，尤其是缺乏经验和历练的职场新人，实际上都不具备足以应对一切局面的高情商，他们总容易因情绪的影响而做出冲动的事，说出后悔的话。

比如在面对上级下达的某些让人不满或不认可的命令时，高情商的职场人士或许会选择委婉地规劝，或以更成熟更稳妥的方式展开执行。而低情商的职场人士则不然，他们往往可能会出现三种非常不恰当的反应：

第一种，据理力争，把幼稚当刚直。不管是出于身份地位的考虑，还是个人的尊严，领导往往要比员工跟更重视面子问题。所以，如果你对领导下达的某些命令感到不满，千万不要当众发难，与之展开争执。要知道，当你不顾场合就开始放肆的时候，即便你有理也就注定没理了。

第二种，照本宣科，根本不考虑可能存在的错误或纰漏。有的员工在发现领导下达的命令存在问题时，可能会秉持"事不关己高高挂起"的心思，生怕得罪领导。从短期来看，这样的员工确实更讨老板欢心，但从长远来看，这种无用的"应声虫"员工是永远也成不了企业的中流砥柱的。

第三种，阳奉阴违，当面一套背面一套。有的人在接受到老板下达的不合理指令后，既不愿意毫无原则地执行，也不敢驳斥老板的意见，于是往往会采取阳奉阴违的策略，明着答应，暗里却想方设法拖延。当然，这样做确实可以在短时间内保全自己，但拖延显然只是权宜之计，更何况拖得越久，也越容易让老板质疑你的能力。尤其是在老板察觉到你的阳奉阴违时，恐怕好日子也就到头了。

那么，当面对领导下达的不恰当命令时，到底有没有更好的应对策略呢？答案当然是肯定的，有经验的高情商职场人士从不会让自己陷入到这样被动的僵局中，他们往往会通过委婉的方式，在不激怒领导的情况下提出自己的建议，尽可能让事情得到皆大欢喜的结果。通常来说，他们所采用的方式包括以下几种：

1. 提出风险，让老板自己动摇。

比如他们可能会这样对老板说："做出这样的决定需要很大的勇气和魄力，真是险中求胜啊！"这句话说得是非常有技巧的，既委婉地向老板传达了这一决策需要担待较高的风险，又维护了老板的面子，不会让老板感到难堪。

2. 先表示肯定，然后再提意见

比如他们可能会这样对老板说："这样的想法确实很特别，要是我肯定想不出来。我之前也有一些看法……"先对老板的决策表示肯定，化解老板的敌意，然后再趁机提出自己的意见，这样更容易被老板接受。

3. 用假设性暗示提醒老板

比如他们可能会以这样的句式来提醒老板："如果……那么我们下一步该怎么做呢？"利用假设性的表达方式可以很大程度上缓和话语的攻击性，同时也给予老板一个较为准确具体的提醒。

不管怎么说，领导始终是领导，无论你愿意还是不愿意，甘心还是不甘心，职位的高低就注定了职场上的发言权和决策权归属。所以，当面对领导下达的错误指令时，我们唯一能做的，就是尽可能用对方能够接受的方式来进行交涉，从而将危险降至最低。

领导是拿来尊重的

现在，很多现代企业都提倡"人性化管理"，重视发展领导与下属之间的关系。所以，很多领导现在都一改过去高高在上的样子，开始走"亲民"路线，没事和下属开开玩笑，聊聊天谈谈心等等，都已经是家常便饭了。

为了赢得人心，领导摆出这样的姿态无可厚非，但这并不意味着作为下属，我们就真的能无所顾忌地和领导"蹬鼻子上脸"。混迹职场，最重要的就是一定要懂得摆正自己的位置，明确自己的身份，你可以与领导交好，但上下级之间的尊重却也是绝对不能丢的。

不管是什么性格、什么姿态的领导者，都不会愿意在下属面前失去权威，而下属对他是否存有尊重，就能直接反映出他在下属面前是否具有足够的权威。所以，一定要记住自己的身份，更不能忘记领导的身份，要知道，领导就是拿来尊重的。

吴玲是个大方热情的姑娘，刚大学毕业不久，性格还比较活泼。大学一毕业，吴玲就进入了一家房地产公司工作。她非常喜欢这份工作，除去工作本身的内容之外，公司的氛围也让她感到非常舒服，无论是上司还是同事都是极其好相处的人。

吴玲的上司刚三十出头，比她也大不了几岁，为人风趣幽默，从来不在大家面前摆架子，平日里还常常会和吴玲他们一块吃饭聊天开玩笑。自然而然地，吴玲渐渐把上司也当成了朋友，相处中多了几分随意，甚至时不时还会开玩笑似的对上司调侃几句。

本来一切都挺好，但最近一段时间，吴玲却发现，上司似乎有意疏远自己，而且还时不时就找理由训斥自己，这让吴玲感到困惑不已，她根本不知道自己到底什么时候得罪了上司，做了什么错事。

吴玲把自己的苦恼向表姐倾诉了一番，表姐也知道吴玲平日里的表现，想了想之后便直接指出："你想想，在和你上司相处的时候，有没有在言辞上冒犯过他，对他不尊敬的？"

表姐的话让吴玲开始思索，要说平日里，她除了会和上司开玩笑之外，也没有做过什么，如果真的有所冒犯，那看来大概是和"开玩笑"有关吧。

吴玲突然想起来，有一次，上司穿了一身新衣服去公司，大家都夸新衣服衬托得上司更高大帅气了。当时她就站在上司旁边，笑嘻嘻地打趣上司："哟！衣服倒是挺不错，不过是去年流行的款啦，头儿，看来你已经追不上潮流，OUT 了啊！"

当时上司脸色变得十分难看，但吴玲并没有放在心上，只当是和平时一样的玩笑，转头就给忘记了。现在回过头想想，上司对自己态度的改变好像就是从那之后开始的。想到这里，吴玲苦了一张脸，叹气道："我就是开了一玩笑，真没什么意思啊！"

看着吴玲的傻样，表姐翻了个白眼，说道："上司就是上司，他可以不在下属面前摆架子，但这不意味着下属就能忘记他的身份！"

确实，就像吴玲表姐说的，作为上司，他可以选择用什么样的方式去和下属相处，去为自己收买人心，但作为下属，却没有资格和权力去忽视对方的身份。上下级之间是有一条永远无法抹去的鸿沟的，这无关于尊严或平等之类的问题，而是一种正常的身份归属。

所以，无论你的领导是什么样的人，无论在什么样的情况之下，我们都应该懂得约束自己的言行，对领导表现出应用的尊重。尤其是在开玩笑的时候，一定要注意不能损害领导的权威或尊严，不管你们之间的关系看上去有多好多亲密，都记住一点，只要还是上下级的关系，他就永远不可能做你的"普通朋友"。

学会在"底线"面前止步

一位朋友曾因某些私人原因而身陷囹圄，经历了一段牢狱生活。这件事一直是朋友心中的一个结，不愿提及，更不愿触碰。大家也都明白这一点，所以在朋友面前，都会不自觉地避免提到"监狱""犯罪"等字眼。

但有一次，在一个同学间的聚会上，大家聊起了近来比较红的一部犯罪电影，一个多年不曾联系的同学，不知从哪里得知了朋友的事，便开玩笑地冲着他说了一句："嗨，你去把你那段经历改编改编，没准儿也能拍个犯罪电影！"这话让朋友脸色瞬间就沉了下来，气氛也变得尴尬不已。在那之后，听说但凡是有那个同学参与的聚会，朋友都没有再去过。

每个人都有不愿意被别人触及的秘密，这是他们在人际交往中为自己设置的"底线"。在人际交往中，我们一定要懂得在对方的底线面前止步，这不仅是一种尊重，更是对这段交往关系的负责。

罗天是某快速消费品公司的市场总监，深得老板的信任与器重。他和老板一家的关系都非常好，平时休假甚至会一块约着去自驾游。

罗天与老板之间的关系原本一直都很好，私底下是亲密的朋友，工作上是得力的助手。但这一段时间，罗天却明显感觉到了老板对他的疏远和不满，有时甚至会在工作上对他有所刁难，把原本应该属于他们部门的工作分给其他部门。罗天觉得非常郁闷，不停地开始琢磨，自己到底怎么得罪了老板。

想来想去，罗天想到了一件事。上个月的时候，他在公司的新品发布会上做了一个宣传用的PPT，当时为了更好地展现出老板的魅力与风采，他没有经过老板的同意就放了一些老板和家人的生活照在PPT里。他和老板之间的问题好像就是从新品发布会之后开始产生的。

罗天顿时感到后悔不已，他知道老板一直都不喜欢把自己的私生活和工作上的事牵扯在一起，那是他的底线。那件事的确是他自己欠考虑，真是咎由自取啊！

因为经历和心态的不同，每个人的底线自然也都不同。有的问题，在你看来可能没什么大不了，但却是别人心里不能触碰的伤痕。每个人心中都有一片属于自己的私密空间，这个空间除了自己之外，拒绝其他任何人的进入，哪怕是最亲近的人，也无法突破那道底线。

当然，面对不同的对象，人的底线也是有所不同的。比如在陌生人面前，人的戒备心自然会比在熟悉的人面前更强，因此哪怕是同样的一个问题，在面对陌生人和熟悉的人时，我们给出的答案或许也会是截然不同的。但不管怎么样，在与人沟通的时候，一定要懂得察言观色，遇到对方不愿谈及的话题，不要刨根问底，及时刹车，在底线面前止步，交流才可能进行下去。

在我们生活中，有两种"热心"人是最令人反感的，一种就是喜欢"打破砂锅问到底"的人，他们总是打着"关心你"的旗号，不断地触犯你的隐私，从而满足自己的好奇心和窥探欲，却完全不考虑当事人的心情；另一种则是喜欢自作主张的人，他们总是以"为你好"的名义，在不经你同意和允许的情况下做多余甚至是与你想法相悖的事，如果你因此而愤怒，他们甚至还觉得你不识好歹，不懂感恩。

在这个世界上，各人有各人的活法，各人有各人的想法，没有任何人有权力去干涉别人的生活，扭转别人的思想。所以，请学会在他人的底线面前止步，这是与人交往时最起码的尊重。

做"刺儿头"？小心饭碗！

人在职场混，讲究一个能屈能伸。能"屈"不能"伸"的人，在弱肉强食的职场里注定只能被人欺负；而能"伸"却不能"屈"的人，则必然处处碰壁，难有出头之日。可偏偏，在现实里，能"伸"不能"屈"的刺儿头还真不在少数。

肖霆就是个典型的刺儿头，名字叫肖霆，人却一点儿都不"消停"。牛脾气，喜欢和人较真，还受不得气。但因为工作能力确实比较强，一直深受老总器重，所以即便得罪人无数，公司的其他人依然会给他几分薄面。

有一次，肖霆为了跑一个单子，和客户接触了很久，下了很多功夫，终于还是把单子拿下了，双方约定好等客户电话确认。但不巧的是，客户打电话到公司进行确认的时候，肖霆正好有事不在，是一位行政人员接的电话。等肖霆回公司的时候，这位行政人员把接电话的事情忘了，就没转告肖霆。

结果，一连两天没等到客户的确认电话，肖霆打电话过去询问，这才知道，原来人家早就打过电话来，可没人转告自己。而就在这两天，恰巧另一家公司也在和这位客户接洽，条件和肖霆他们公司开出的不相上下，加之肖霆一直没联系，于是客户已经和另一家签了约。肖霆一听就火了，直接在公司例会上把矛头直接指向那位工作疏忽的行政人员，对着他劈头盖脸就是一顿骂。

本来这位行政人员内心也挺愧疚的，但见肖霆这得理不饶人的态度，心里也火了，当即就和肖霆争执起来。要说这位行政人员，背景也不一般，是老板的小舅子。看着得力助手和小舅子直接在例会上大吵大闹，恨不得撸起手袖就上，老板也很无奈，大声制止了好几次。谁知道，见老板制止，肖霆火更大了，不仅没有冷静下来，反而当众开始斥责公司风气差，老板任人唯亲。老板大怒，当即就直接下令让人事部把肖霆的工资结了，让他另谋高就。

如果肖霆能消停点儿，别那么咄咄逼人，那么事情也不至于闹到这个地步。客观来说，这次事件确实是行政人员工作疏漏所导致的，他也的确应该承担责任，但肖霆咄咄逼人的态度也的确十分不妥当。而且，他冲行政人员发火也就罢了，却还把怒火牵扯到了顶头上司身上，这种做法无异于断了自己的后路。再说了，老板这还没维护小舅子呢，即便他真要维护小舅子，那也无可厚非，俗话说"打狗还得看主人"呢，何况你要打的还是老板的亲戚。

人都有七情六欲，会被各种各样错综复杂的关系牵绊，领导也同样如此，他们也是人，也会有自己的主观好恶，也会有情感的偏向，不可能事事都做到绝对公正。再说了，人的容忍都是有限度的，谁都不可能喜欢一个总是和自己对着干的人。所以，在职场里混，一定要有所觉悟，不管遇到什么事情，哪怕再委屈、再愤怒，也要懂得控制自己的情绪，尤其是在你的上司面前。官大一级压死人，无论在哪里这都是一条铁律。

情商高的员工是绝对不会选择做"刺儿头"的，因为他们很清楚自己的身份和地位，也明白，不管他们在公司显得有多么能干，多么不可替代，下属始终是下属，老板始终是老板，自己的去留永远掌握在对方手中。因此，他们永远不会恃宠生娇，因为他们知道这样做的后果有多么严重。

"拍马屁"是一种技术

俗话说："千穿万穿，马屁不穿。"自古以来，"拍马屁"虽然从来不是什么好词，但客观地说，不管在哪里，我们却又偏偏是离不开"拍马屁"

的。"马屁"就像是语言中的"钻石"一样，拿去哄谁，都能取得意想不到的效果。

当然，现实中也不乏许多清高的人，对"拍马屁"一事是嗤之以鼻的，甚至对那些擅长于"拍马屁"的人，都会选择敬而远之，不时轻蔑地唾弃一句"马屁精"。事实上，这是对"拍马屁"的一种误解。"拍马屁"是一种技术，运用得当，那就是人际交往的一柄利器，也是你和领导建立沟通的一个重要桥梁。

试想一下，不管是一家公司还是一个单位，上上下下有这么多的员工，领导却只有这么几个，在这么多的人中，你要如何脱颖而出，让领导注意你，记住你呢？当然了，如果你有经天纬地的才华，或者前无古人的美貌，往人海中一站就显得鹤立鸡群，那你自然不需要通过什么手段去赢得脱颖而出的机会。但假如你没有这些，你只是一个平凡普通的人，或者仅仅只比别人有多一些的优点，你再不主动去接近领导，想要出头、实现自己的抱负又谈何容易呢？

屈晴刚参加工作的时候总有那么一股清高劲儿，特别反感那些喜欢拍领导马屁、和领导套近乎的人，更不可能自己主动去向领导献殷勤了。屈晴一直相信，只要是金子，无论在哪里都是会发光的，而她更坚信，自己绝对称得上是一块"金子"。

屈晴的工作能力的确不错，虽然说不上有什么经天纬地的才华，但只要是上级交代下来的任务，她每次都能保质保量地完成，这一点已经比公司大多数员工都要强了。虽然闺密李萌一直劝她多和领导打打交道，套套近乎，这样才能让领导注意到她，进而发现她的优点。但屈晴却始终坚持"独善其身"的原则，甚至刻意避免在领导面前争抢风头。她总觉得，如果一个领导不懂得任人唯贤，而是只愿意亲近那些逢迎谄媚的小人，那么这个领导根本也不值得她敬佩和追随。

　　一年的时间过去了，身边很多和屈晴同时期进入公司的员工都得到了升职或调任的机会，只有屈晴依旧是个默默无闻的小员工，屈晴心里觉得非常憋屈，甚至已经暗自下定决心准备辞职。可没想到的是，在年底的公司表彰大会上，屈晴因为优秀的业绩而受到嘉奖，老板亲自给她颁奖的时候，惊诧地感叹了一句："原来公司还藏着这么一位人才啊！要是早点发现，前阵子我也不用花那么多功夫去外头聘主管啦！"

　　听了老板的一句感叹，屈晴心中顿时百味陈杂，原来老板根本就不认识她这个小人物，可她又不禁在想，如果她从前和其他同事一样，没事跟老板套套近乎，拍拍马屁，让老板对她有印象，那么凭借着优秀的工作能力，现在的她会不会有另一番更好的局面呢？

　　单单依靠拍马屁上位的人，如果没有相应的能力，那么也是走不远的。而只懂得一味埋头苦干的人，如果不懂得把握机会，让"伯乐"注意到你，那么也是很难出头的。要知道，在这个社会，最缺乏的不是人才，而是机会。当你坐在家里，期盼机会主动上门的时候，外面还有无数的人在争抢、在战斗，你又凭什么指望能够什么都不做就脱颖而出呢？

　　"拍马屁"不过是一种社交方式，没必要非得和人格、尊严扯上关系。学会拍领导马屁，为的是与领导建立沟通的桥梁，给领导留下一个好印象，从而为自己赢取一个展现的机会。最终真正决定你能走多远的，说到底还是你本身所具备的能力。

不要自作聪明，有时候不妨"愚钝"一点儿

期望表现自我，获得别人的肯定，这是人类的一种天性。在每个人心目中，都希望自己所展现出来的形象是聪明的、能力超群的，但也因为这样的心思，很多人往往聪明反被聪明误，为了表现自己的聪明，却反而做出一些愚蠢的事，平白成为了别人的笑柄。

其实，有时候做人"愚钝"一些，反而比时时表现精明要更容易赢得别人的好感，毕竟人人都想成为引人注目的中心，比起"鲜花"，实际上人们更渴求"绿叶"。懂得把聪明的机会留给别人，不仅能够赢得他人的好感，更重要的是，还能摆脱"聪明"带来的风险，这样反而能为自己赢得更多的发展空间。

在职场中，尤其是在面对领导的时候，更要懂得收敛自己的"聪明"。要知道，领导喜欢聪明的下属，但却永远不会喜欢自作聪明的下属。就像三国时期的杨修，聪明绝顶，才高八斗，却错在喜欢倚仗自己的聪明，妄测曹操的心思，最终聪明反被聪明误，落得了个令人惋惜的下场。

小王是公司新来的收发员，在公司大楼一层的房间办公。每天收到快件之后，小王都要进行整理，然后分类送到各个领导的办公室，也因为这样，所以在乘坐电梯送快件的时候，小王常常都会遇到公司的领导们。

小王非常机灵，记性也十分不错，进公司不久就基本上把所有领导的姓氏和头衔都记住了，每次遇到领导的时候，都会主动和他们打招呼，帮他们按电梯楼层，公司上下的人都很喜欢这个机灵的小伙子。

一次，小王和往常一样准备送快件上楼的时候，恰巧在电梯里遇到了公司老总肖总。肖总一进电梯，小王就赶紧礼貌地问道："肖总您好，您

是要去八楼吗？"

肖总对小王有些印象，也听其他管理人员提起过他，于是就笑着反问了一句："怎么，你这天天都给我办公室送快件，还不知道我要去几楼？"

听了这话，小王也不急，依然礼貌地笑着说道："虽然我知道您的办公室在几楼，但我并不清楚现在您是打算回办公室，还是准备去其他的楼层办事，所以不能自作主张帮您按电梯。"

听完小王的话，肖总满意地点了点头，应声道："八楼。"

之后不久，小王就接到了公司的通知，晋升为肖总的助理。

小王才是真正的聪明人，他很清楚自己的聪明应该用在什么地方，也很聪明在什么时候应该学会收敛这些聪明。小王这样的员工无疑是领导最喜欢的，聪明机灵能办事，更重要的是，绝对不会肆意揣测领导的心思，搞得好像什么都能摸透一般。正是这种识时务的"愚钝"，让小王打动了肖总，得到他的赏识。

可见，想要赢得他人的好感，尤其是地位比你高的人的好感，千万不能自作聪明，即便你的确智商超群，在对方面前也要懂得收敛，在某些时候表现得"愚钝"一些。过分地展现自己有时也会让人觉得是一种挑衅，真正聪明的人永远懂得进退适宜，知道什么时候该争取，什么时候该撤退。

舍得分享，才能换来好人缘

不管在哪个企业，都能听到有人抱怨，说同事关系不好相处，尤其牵扯到利益问题，稍不留神就矛盾重重，争执不断。其实，不仅是职场，在生活中也是一样，但凡是有人的地方，就必然会发生矛盾，重要的是你懂不懂如何去化解这种矛盾。

想要与人拉近关系，最有效的方法就是分享。俗话说："吃人的嘴短，拿人的手软。"一个乐于分享的人，无论在哪里都不会成为众矢之的，毕竟你分享了，别人总得记着你的好，哪怕心里对你有意见，恐怕也不好意思表现得太过分。

在职场中，学会分享更是缔造好人缘的重要方法。一人独享功劳往往会引起他人的嫉妒，但如果将功劳共享，那么嫉妒的敌意自然也就消弭了。更何况，任何的成功都不是仅仅依靠一人之力就能造就的，而是靠团队协作得来的。因此，与同事共享成果也是顺理成章的事情。

连峰是上海某科技公司的高级技术人员，工作能力强，为人也十分谦和低调，深得老总器重，和同事之间的相处也非常和谐。

有一次，公司接到通知，接手海外总部发来的一个新项目，老总把这个项目全权交给了连峰来负责。这个项目是海外总部下半年重点发展的项目之一，任务重，时间也紧，为了配合连峰，老总勒令公司上下所有部门都得配合连峰，提供一切他所需要的帮助。

凭借着过硬的专业能力和吃苦耐劳的工作态度，连峰不仅顺利完成了任务，后期的项目运作也都十分顺利。老总对连峰的表现非常满意，专门在公司给连峰开了一个庆功会，对连峰大肆赞扬。

连峰的工作能力不用说，大家都是有目共睹的，平时为人也确实不错，原本与连峰共事的同事们对他印象都很好。可偏偏老总这么一通夸下来，开发组的同事心里头不是滋味了，连峰虽然厉害，可他们出力也不少啊，现在倒好，功劳全成他的了。

敏锐捕捉到同事们脸上不自然的表情之后，老总夸奖的话刚说完，连峰就赶紧站起来端了一杯酒上台，真诚地冲着同事们说道："这几个月辛苦各位同事们了，要不是公司上下各个部门同事的热切帮助，这个项目不可能进行得这么顺利。还有我们开发组的兄弟们，这个项目的成功离不开每一个人的努力，我们整个团队都是这个项目的功臣！"

听到连峰的话，老总也高兴地举杯说道："是！大伙都是功臣！项目组所有成员，本月的奖金都翻一倍！"

同事们这才欢呼着鼓起掌来，一开始对连峰心有不满的几个同事脸上也重新浮现出了笑意，心头的那点不痛快也一扫而光了。

不得不说，连峰的确是个优秀的员工，不仅能力强，而且情商高。作为该项目的最大功臣，接受老总的赞扬也是当之无愧的，但他也非常明白，独享功劳除了赢得一时的风光之外，无法带给自己任何实质上的好处，反而可能引起别人的嫉妒，导致自己被孤立。所以，他大方地与同事分享成功，用分享为自己赢得了好人缘，而这才是真正能够对他的未来有所帮助的东西。

分享是收获好感与信任的法宝，学会分享，不仅能够帮助你化解来自他人的嫉妒，并且还能帮助你迅速获得他人的好感，为你赢得良好的人缘，助你在未来发展的道路上越走越远，越走越好。

及时处理矛盾，别让裂痕越来越大

在我们的一生中，工作几乎占据了整个人生的近三分之二时间，在公司与同事日日相对，自然难免会出现各种小矛盾、小摩擦。当矛盾或摩擦产生的时候,一定要及时解决,如果放得久了,那么原本微不足道的矛盾就会变成隔阂,让彼此之间的裂痕越来越大,甚至影响到正常的工作和生活。

40多岁的王大姐是办公室的老人了,办事沉稳干练,深得领导信任,平时大家也都非常尊重她。除了王大姐之外,办公室还有一名女同事,是刚大学毕业、加入不到一年的小丽。小丽青春靓丽、性格开朗,也颇受大家欢迎,尤其是办公室那几位单身男士,更是常常围在小丽身边转悠,指望着能把自己的终身大事给解决了。

一开始,小丽和王大姐关系不错,虽然年龄差距有些大,但都是女性,自然比和男人更能说到一块。但没多久,王大姐和小丽之间就产生矛盾了,彼此之间关系越来越差,到后来甚至发展到水火不容的地步。

其实要说小丽和王大姐之间的矛盾,倒还真不是什么事。小丽年轻漂亮,爱梳妆打扮,每天早上到办公室之后,都会在镜子面前补补妆。王大姐为人比较保守,特别看不惯小丽这种做派,常常会出言讽刺小丽几句。小丽也不是什么能忍气的主儿,每次王大姐出言讥讽,她也不甘示弱,结果一来二去,两人唇枪舌剑,小矛盾就变成了大矛盾,大矛盾久而久之就变成了"生死仇敌"了。

发展到最后,两人的针锋相对甚至已经影响到了彼此的工作,最终老板只得辞退了小丽,选择留下经验丰富的王大姐。

不得不说,王大姐和小丽之间的矛盾还真是让人哭笑不得,明明不是什么事,却生生能发展成"火星撞地球"般的大战。可想一想,在现实生活中,类似的事件还真是屡见不鲜,很多针尖对麦芒的同事之间,追根究底,其实并不存在多大的矛盾,只是最初的小摩擦没有化解,结果在时间的流逝中发了酵，一点点成为了无法弥补的巨大裂痕。

所以，矛盾一旦产生，化解就刻不容缓。高情商员工在化解矛盾时通常是这样做的：

1. 以豁达的态度看待矛盾

通常来说，两个人矛盾的产生都是源于一些具体事件，而在事件结束之后，由此产生的负面影响往往还会在大脑中停留一段时间，在这段时间里，产生矛盾的双方对彼此的感觉通常都不太好，在这样的情况之下，就很容易产生新的摩擦。所以，在矛盾发生之后，调整心态是非常重要的，要懂得以豁达的态度去看待矛盾，从心里去除对对方的偏见，这样才能真正修补好彼此之间的关系。

2. 进行自我反省

俗话说"一个巴掌拍不响"，同事之间发生矛盾，必然双方都存在一定的责任。所以，在矛盾发生之后，我们一定要懂得自我反省，审视一下自己是否存在不当之处，并找到矛盾产生的症结，这样才能从根本上化解矛盾。

3. 尝试主动和解

很多感情走向破裂，都是因为双方都不肯低头而导致的。所以，如果不想最终走到决裂的一步，那么不妨勇敢一点，放下自己的架子，尝试和对方主动和解。很多时候，人与人之间缺少的，其实只是一个台阶。

总而言之，产生矛盾并不可怕，放任不管，让矛盾成为彼此之间的隔阂才是真正可怕的。冰冻三尺非一日之寒，关系的破裂也并不是一天两天就形成的，小裂缝如果不及时修补，那么总有一天会变成无法跨越的鸿沟。

缺乏尊重的"直爽",那叫"没教养"

在一次聚会的时候,一位朋友提起自己有辞职创业的想法,并粗略地讲述了一番他的计划。就在大家都纷纷鼓励他的时候,其中一个人突然絮絮叨叨地发表意见:"唉,这行真不适合你,你听我一句劝,还是安安稳稳赚工资的好。瞧你这人,性格木讷又不擅交际,自己去创业,怎么应付得了那些吃人不吐骨头的奸商?人还是要知道自己有几斤几两才行,不能光凭着一腔热血……你别怪我说话直啊,我也是为你好……"

气氛顿时变得尴尬起来,那位打算创业的朋友冷着脸低下头看手机,没多久就找借口离席了。他走的时候,那位喜欢发表"高见"的人士还在不停地规劝他:"千万别冲动,一定要想清楚,不然到时候有你哭的……"

有一种人,总是喜欢自诩直爽,说话常常不经过大脑,想说什么就说什么,即便说错话让别人感到尴尬、受伤,也总是漫不经心地以一句"我这人就是说话直,你别介意"为借口来给自己开脱。

可凭什么别人就该不介意呢?因为你"直爽",所以就能毫不顾忌别人的心情,还不允许别人责怪你吗?抱歉,那种缺乏尊重的"直爽",应该称为"没教养"。

就像聚会上的那位滔滔不绝发表"高见"的人士一样,或许他的规劝的确是出于对朋友的关心,但他说的话,恐怕没有任何一个人听了会感到高兴。再说,任何事业都是存在风险的,他又凭什么笃定对方不可能获得成功呢?

一个人是否真的关心另一个人,是否真的在乎对方的感受,从他说出的字里行间就能看出来。语言的表达有很多方式,即便是规劝,也能用最温和、最容易让人接受的方式说出来。你不考虑对方的心情,只顾着让自己"直爽"地一吐为快,这只能说明你素质不高没教养。

试想一下,如果你的身边有这样一个人:

当你穿着新买的裙子来上班时,他心直口快地当众评价:"你长得太胖了,这条裙子你穿不合适,你应该买那种宽松一点的,遮一下肉,你看你肚子上的肉,都凸出来了……"

当你找到一份新工作兴冲冲地准备庆祝时,他絮絮叨叨地开始发表意见:"啊?你真的要干这个啊?不适合你吧,你说你这人,性格内向,又木讷,平时也不会说话讨好人,怎么去和客户打交道拉单子啊?要我说,你还是应该干后勤,就整理文件啊什么的,挺适合你的,还是别干这个了,省的到时候又后悔……"

当你交了男/女朋友,怀揣着甜蜜的心情接受祝福时,他满脸担忧和不以为然地说:"你确定这个人真的适合你?要我说,这人真是不怎么样,长相一般,家世也不怎么好。虽然说你也不是什么倾国倾城的富二代吧,但找个比那人条件好的应该不成问题……"

这样的"直爽",你能忍受吗?这样所谓的"为你好""诚实",你能心怀感激吗?

所谓的"直爽",应该是建立在相互尊重的基础上的,而是任由自己的性子,丝毫不考虑对方的立场和心情,想说什么就说什么,想怎么说就怎么说。所以,别打着"直爽"的幌子,去行那些没教养的事。

第十章 沟通不良,小心"后院起火":
家庭情商,影响家庭和平的根源

许多家庭矛盾的产生其实都是源于双方之间的沟通无能。家人本是这个世界上最亲密无间的存在,彼此之间的牵绊和信赖都是其他人所不能比的。但很多时候,由于沟通不良,往往会导致彼此之间不能理解对方,甚至产生误解和怨恨。所以,想要维系家庭的和平,学会"说话"是非常重要的。

家庭要和谐，多说暖心话

每个人都渴望拥有一个温暖和谐的家庭，而要实现这个目标，需要每一个家庭成员都能够相互体谅、相互包容。很多家庭的不和谐，归根结底都来源于家庭成员之间的沟通问题，家人是世界上相互之间牵绊最深的，但往往也是最容易伤害彼此的，所以，要想家庭和谐，沟通是关键。

人与人之间的关系是需要用心去维护的，即便是亲人之间也是如此。我们总习惯在家人面前放松自己，肆意妄为，因为在潜意识中，家人是亲近的、安全的、包容的，但也正因为如此，我们总是会在不经意间就伤害了最在乎也最亲近的人。放纵的背后往往藏着我们背负不起的伤害与悔恨。

家是心灵的港湾，在家人面前，我们可以卸下伪装，丢下面具，做最真实也最纯粹的自己。但相应地，为了保护这个港湾，为了维护给予我们温暖与安定的家庭，我们也必须学会自我克制，而不是放任自己的情绪肆意挥洒，甚至冲动之下说出伤人害己的话。因为珍贵，所以才更加应该珍惜。

一个年轻人因为一些事情和父亲发生了激烈的争吵，甚至在冲动之下说了许多伤人的话，看着父亲怒气冲冲离开家门去上班的背影，年轻人突然觉得非常后悔，他开始担心，这场争吵可能会影响到父亲的情绪，害得他工作出错。

翻来覆去地纠结思索了许久之后，年轻人终于拿起电话，拨通了父亲的号码。当他听到父亲略带疲惫的声音从电话那头传来时，眼圈突然红了，他低声对父亲说："对不起爸爸，我刚才太冲动了，我说的那些话都不是真的，我很爱您，我向您道歉。"

"没事没事，哪有爹会生儿子气的！"电话那头，年轻人能听出父亲压抑着的喜悦和轻松，那一刻，他沉甸甸的心也顿时松快了不少。

因为是一家人，所以不管发生多么激烈的争执，只要有一方肯低头，另一方永远会选择原谅。怕就怕彼此双方为了所谓的面子、尊严等等，都不肯主动递出台阶，让感情在长久的拉锯和冷战中不断互相伤害。

一对夫妻因为一件小事爆发了激烈的争吵，妻子一怒之下收拾东西要离开家门，临走前愤恨地对丈夫吼道："这个家我再也待不下去了！"

这时，丈夫也很愤怒，一把拎上自己的行李箱跟着妻子冲出了家门，追上妻子之后，丈夫也同样一脸怒容地吼道："你说得对！这个家我也待不下去了！我们一块走吧！"

看着丈夫同仇敌忾的样子，妻子胸口那团怒火突然就熄灭了，"扑哧"一声笑了出来。

因为是一家人，所以化解争吵其实非常简单，需要的仅仅只是一句暖心的话。你若不离，我便不弃，这就是家人。

建立一个温馨的家不是件容易的事，我们要学会包容，学会理解，学会关心，学会付出，我们要成为成熟理智的主心骨，我们要做温柔贴心的知心人，我们要用心去规划每一件事，用头脑去思索每一句话。但同时，这其实也并非一件很难的事,我们只要学会低头,学会在沟通时多说几句暖心的话,学会在争吵时给对方台阶下,那么即便经历再多的风浪与争执,我们也不会放开彼此的手。

套套近乎,让婆媳关系更近一些

古往今来,所有的家庭关系之中,最令人苦恼的大概就是婆媳关系了吧。婆婆和媳妇就仿佛是这世上的天敌一样,彼此亲近却注定战火不断。至于夹在中间的男人,恐怕也是有苦难言,一边是给予自己生命的母亲,一边是携手共度一生的爱人,哪边都不能偏向,哪边都不能得罪……

可以说,婆媳关系处理不好,家庭就只能永无宁日,婆婆、媳妇不高兴,被夹在中间的儿子和丈夫更是痛苦不堪。所以,要想拥有一个和谐美满的家庭,解决婆媳关系绝对是刻不容缓的重要事情。

小琪和老公阿伟是在外地打工的时候认识了,为了爱情,小琪毅然和阿伟回了家乡,并喜结连理。阿伟的父亲很早就去世了,只剩母亲一个人,因此在结婚之后,小两口就在家乡做了点小生意,并且把老人也接到身边一起生活。

阿伟的母亲是个性格比较强势的人,她一直都有些看不上小琪,觉得这个儿媳妇配不上自己的儿子,因此在生活中,常常都会故意给小琪挑刺,让小琪常常感到有苦难言。

对于所有儿媳妇来说,来自婆婆的刁难绝对是极其难缠的,这一点小琪在阿伟母亲身上算是体会得淋漓尽致。东西买得多,婆婆就要埋怨小琪不会过日子；做菜喜欢放醋，婆婆就要指责小琪故意和她作对，要把她牙酸掉；就连周末带着儿子出去玩，婆婆也能给他们娘俩安上一个"玩物丧志"的罪名。

面对婆婆的刻意刁难，小琪一直都非常忍让，从来没有正面和婆婆发生过冲突，虽然有时候也会委屈地和老公抱怨几句，但每每想到婆婆一个人抚养儿子的不容易，同为母亲的小琪就觉得自己能够理解并且愿意包容婆婆。

有一次，婆婆在邻居家打麻将，小琪做好饭之后便准备过去叫婆婆回家吃饭。刚走到邻居家门口，小琪就听到婆婆正一边摸着牌一边和一群老太太抱怨自己，那话说得还真是不怎么好听。小琪非常生气，很想推开门进去和婆婆大吵一架，往日的种种委屈也都纷纷浮上了心头。但想到丈夫平日对自己的好，小琪还是忍住了，她不想让丈夫为难。

平复了心情之后，小琪淡淡地笑着走进邻居家，叫婆婆回家吃饭。或许是因为背后说人所以有些心虚，在看到小琪之后，婆婆脸上的表情有些慌乱，竟难得地没有故意出言刁难小琪。

回到家之后，婆婆以为小琪会就刚才发生的事情和自己大吵一架，但令人意外的是，小琪却什么也没说，依然和往常一样，笑嘻嘻地和婆婆拉拉家常，套套近乎。这一下倒是让婆婆感觉不安心了，甚至心底还生气了淡淡的愧疚。

吃完饭后，小琪诚恳地对婆婆说："妈，我知道我有很多缺点，很多事情做得还不够好，以后您有什么不满意的，就直接告诉我，帮助我提高提高。咱们是一家人，什么话都说开了好，这样才不会有隔阂，也不会让阿伟为难，您说对吧？"

面对媳妇的深明大义,婆婆羞愧地低下了头,从那之后,虽然婆婆还是时不时地会挑三拣四,但和小琪之间的关系却亲近了不少。

人心都是肉长的,没有谁是天生的铁石心肠。人与人之间的关系就好像是一个花园,只要你用心去经营灌溉,总会让花园鲜花绽放;而若是放任不管,那么再美丽的花园,终有一天也会变得衰败萧索。

婆媳之间也是如此,只要肯用心付出,用心维系,终究会让彼此的距离一点点拉近。人非草木,孰能无情,多和婆婆套套近乎,当你愿意付出真诚的时候,相信总有一天,也会收获到对方真诚的回报。

恶毒的语言,犹如一把弯刀

有这样一句古语:"口能吐玫瑰,也能吐蒺藜。"

在这个世界上,最神奇的东西莫过于语言了。它可以是美丽的音符,跳跃组成最绚烂的乐章;它可以如绽放的玫瑰,带给人最迷醉的芬芳;它也可以像利剑,如匕首,顷刻间便刺入人的心脏。这就是语言,温暖如太阳,恶毒若弯刀。

曾看过这样一则寓言:

一个迷路的樵夫在森林里救了一只小熊,母熊对他感激不尽,便邀请他到自己的窝里住一晚,并热情地款待了他。第二天一早,樵夫准备离开的时候对母熊说道:"谢谢你的款待,我过得很开心,唯一美中不足的,大概就是你身上的味道不太好闻吧!"

听了樵夫的话,母熊感到有些难过,但还是对樵夫说道:"请你用斧头砍我的头，就当作是补偿吧。"

樵夫依照母熊的话用斧子砍了母熊一下，然后离开了。

若干年后，樵夫与母熊再次相遇，樵夫关切地询问道："那一次我砍在你头上的伤怎么样了？"

母熊回答道："噢，只痛了一阵子就好了，我都把这事忘记了。但那次你所说的话我却一辈子也忘不了啊！"

斧子砍的伤，再严重也是外伤，等到愈合之后，渐渐地或许也就忘却了。然而语言造成的伤却是心灵的伤，灵魂的伤，不管经过多少年，它都存在那处，让人隐隐作痛。恶毒的语言就像弯刀一样，寥寥数语便能捅进人的心脏。

1972年2月16日，日本的爱知县发生了一起凶杀案，案件过程简直骇人听闻。杀人者是一位备受尊敬的大学教授，他亲手将自己的妻子和岳母残忍地杀害了，而原因就是，他的岳母说话太难听了。

据教授交代，他的岳母和妻子一直都有些看不上他，嫌他赚钱太少。平时妻子就常常给他白眼，岳母则一见面就训斥他，说的话还都非常难听，不尊重人。

在案发前不久，教授的一位朋友告知他说看到他的妻子和一个男人去了酒店，教授感到非常痛苦，想当面质问妻子却又苦于没有证据，因此心情一度非常烦闷。偏偏就在这个时候，岳母突然来到家里，而且刚进门就和往常一样，又开始数落教授："你这个蠢货，当初我怎么就瞎了眼把女儿嫁给你啊！自己老婆孩子都养不活，买个房子还得借贷，我女儿真是倒了八辈子霉才嫁给你这种人！天哪，像你这种垃圾，还不如滚回乡下种田去呢！"

本来就已经备受折磨的教授在听到岳母这番冷嘲热讽之后，终于再也压抑不住自己的火气，向岳母及随后到家的妻子举起了屠刀。

教授杀人固然有错，但这位尖酸刻薄的岳母对教授说的那些话，又何尝不是一种精神的凌虐呢？如果这位岳母大人能口吐善言，或者哪怕干脆闭口不言，这出悲剧或许就不会发生。有时候，一句话可以拯救一个人的一生，一句话也可以就此毁灭一个人的一生。

争吵最可怕的地方不在于导致争吵爆发的缘由，而是在争吵过程中，我们总容易陷入情绪的困境，轻易说出恶毒的语言去伤害对方。时间可以让肉体上的伤害逐渐愈合，却可能让心灵上的伤害久治不愈。语言是比刀子更锋利的武器，所以无论何时，都一定要记得，话出口前先三思，别因一时的冲动而说出追悔莫及的话，做出追悔莫及的事。

把坏情绪关在屋外

家是心灵的港湾，回到家里，人们可以卸下伪装，收起面具，做最真实的自己。因为有这样的想法，所以很多人认为，既然在外面已经那么辛苦，回家之后自然不需要再强装笑颜，即便是宣泄一通压抑在心里的情绪也无可厚非。

有这样的想法并不奇怪，在社会竞争日益激烈的今天，人们对放松自己的需求也变得越来越频繁和紧迫，很多人的心理都长期处于疲劳状态，以至于对日常生活中发生的一些小事都会显得极其敏感。人们需要发泄，需要排解，而相对来说，选择向家庭内部进行情绪的宣泄，相对来说要安全得多。

但想法不奇怪不意味着观点就是正确的。如果你总把家庭当作坏情绪的宣泄地，那么必然会给家庭带来很多不必要的矛盾和麻烦，即便家人对你始终不离不弃，但若是连家庭都成为了硝烟弥漫的战场，我们又该去哪里寻找抚慰心灵的港湾呢？

家应该是能够让人安心的地方，而不是一个用来宣泄的场所。学会把坏情绪关在屋外，为自己守护一方净土，这才是对家和家人最好的守护。

前一阵，杨静和丈夫卢伟突然开始闹离婚，双方家长好说歹说，才算勉强把这事暂时压下去。

杨静和卢伟的感情一直都很好，两人还有一个乖巧的儿子，刚上小学三年级。按理说，这也算是个和乐融融的幸福家庭了，可怎么却也开始上演离婚的闹剧呢？这还要从不久前卢伟的一次"撒酒疯"说起。

那是一个周末的晚上，和平时没什么不同。卢伟和公司同事出去应酬，杨静则在家哄孩子睡觉。大半夜的时候，卢伟喝得醉醺醺地回来了，一回家就嚷着要喝牛奶，让杨静给他拿。不巧的是，今天家里没有牛奶，最后一袋也在下午的时候被儿子喝了。原本这也不是什么事，可谁知道卢伟却突然开始不依不饶地耍赖，非得喝到牛奶不可。

看到丈夫喝得醉醺醺、一副神志不清的样子，杨静也没和他多计较。可没想到的是，也不知道是不是情绪不好，卢伟突然在家里开始发酒疯，把刚睡着的儿子都吵醒了。儿子被卢伟发酒疯的样子吓得哭了起来，一听到儿子的哭声，卢伟心里就更烦了，指着儿子就开始骂。这回杨静是真火了，硬着头皮顶撞了卢伟几句，没想到的是，卢伟竟然抬手就给了杨静一巴掌，这巴掌打下去，卢伟自己的酒都醒了。当天晚上，杨静就直接抱着儿子回了娘家，随后就展开了闹离婚的戏码。

后来，卢伟也认识到了自己的错误。那天他之所以发酒疯，完全是因为白天在公司的时候受了罪，情绪不好，所以晚上才借酒浇愁，结果让老婆和儿子遭受了池鱼之殃。

为了家庭的美好和谐，在和老婆重归于好之后，卢伟和杨静一起订立了一条家规：回家之前必须整理好自己的情绪，不把工作情绪代入生活。

幸福的家庭是需要我们用心去经营的，如果我们把家当成排解情绪的垃圾场，那么在各种坏情绪的笼罩下，家庭最终将沦为又一个让我们避之不及的修罗场。所以，想要维护这片净土，让我们的心灵拥有栖息之所，我们应该做的，是用爱和理智去克服自己的不良情绪，将工作与生活分开，坚决不将工作中的情绪代入家庭生活。只有把坏情绪都关在屋外，才能让家成为我们真正可以放心休憩的地方。

就算世界凛冽如冬，但只要推开家门，我们依旧能够感受到春风拂面。这就是家庭，能够给我们的心灵带来慰藉和温暖的地方。为了守护这样一个所在，我们最该带回来的应该是快乐而非苦恼。所以，回家之前，请先收敛起你的坏情绪，别让生命中真正重要的人因你的迁怒而受伤。

拒绝唠叨，该闭嘴时要闭嘴

有一次，美国著名的幽默作家马克·吐温在教堂里听牧师演讲。刚开始的时候，他觉得牧师的演讲实在太精彩了，让他感动不已，心潮澎湃，并决定等演讲结束之后，他要给教堂捐款，尽一份自己的绵薄之力。

10分钟后，马克·吐温已经有些不耐烦了，可牧师还在滔滔不绝地演讲，似乎没有尽头。马克·吐温心里不免涌上了一丝烦恼，并决定一会儿结束后只给他们捐一点零钱算了。

20分钟过去了，牧师依旧口若悬河，而马克·吐温已经坐不住了，他烦躁地坐在座位上扭来扭去，心里盼着牧师赶紧把话说完。这一刻，他决定，即便等牧师演讲完了，他也一分钱都不会捐给教堂的。

等到牧师终于结束了他冗长的演讲之后，便开始进入募捐环节，气愤不已的马克·吐温现在已经完全不想捐钱了，不仅如此，因为气愤，他在离开之前甚至从募捐的盘子里拿走了两美元作为自己的"精神损失费"。

可见，一场冗长的演讲带给马克·吐温的伤害有多大。在心理学上，我们将这种现象称之为"超限效应"，意思就是说，因为遭受到的刺激过多、过强，作用时间也过久，结果反而引起心理上的抵触或不耐烦的一种心理现象。

在现实生活中，"超限效应"其实并不鲜见，甚至可以说，在我们漫长的人生中，几乎每个阶段都遭遇过引发"超限效应"的东西，那就是——唠叨。

一家教育机构曾对中学生展开过一项调查，让他们说出自己对父母最不满的行为，结果显示，有超过50%的中学生，在列举对父母的不满时，都不约而同地提到了"唠叨"。的确，但凡是经历过的人，都很明白，父母的唠叨究竟能把我们逼到一个怎样的地步。父母的唠叨完全是出自于对我们的关心，这一点每个人都知道，但即便如此，我们也无法否认唠叨的确给我们造成了严重的"精神污染"。

"唠叨"其实是一种不懂情感交流的表现，不管是对孩子唠叨的父母，还是对丈夫唠叨的妻子，实际上都只是渴望表达自己对对方的关爱。然而事实上，这种表达方式却又偏偏是最容易让对方心烦意乱，加重对方心理负担的一种方式，不断重复地唠叨不仅容易让对方感到厌烦，更会让对方越来越缺乏自信，甚至产生强烈的逆反心理。

其实，话不在多，只要说到点子上，效果也就到了。表达关爱的方式有很多种，不一定非得用喋喋不休去把对方禁锢起来。很多唠叨的"源头"都是因为一个人想要改变另一个人而逐渐滋生的。比如父母希望孩子多加件衣服，但因为孩子不肯听，所以便开始了周而复始的念叨；妻子希望丈夫能帮忙收拾碗筷，但每次吃完饭丈夫却依旧沙发上一躺，于是妻子便开始了喋喋不休的叨念……

殊不知，唠叨不仅不能让你如愿以偿，反而只会让你把对方推得越来越远，让你说的话在对方心中越来越不具备权威性。想要改变一个人不是件容易的事，你需要极具耐性，潜移默化地对他进行引导，而不是通过唠叨的方式把自己的渴望早早摊开在对方面前，引起对方的警惕甚至是敌意。

对于很多人来说，真正应该学习的不是怎么说话，而是什么时候闭嘴。结束自己的喋喋不休，停止周而复始的唠叨，你会发现，原来想让对方消除对你的抵触或敌意是件这么容易的事。

文明有礼，杜绝污言秽语

谁都会有生气的时候，在生气时骂几句脏话也不是什么奇怪的事。但如果你有孩子，如果你已经为人父母，那么即便处于愤怒之中，也应该学会控制即将出口的言语，不要在孩子面前口吐污言秽语。要知道，对于孩子而言，父母不仅是他们的第一位老师，更是他们人生中的第一个榜样。

所以，不管是为了维护自身的形象，还是为了避免让孩子形成不好的习惯，在孩子面前，父母一定要杜绝污言秽语，为孩子创造一个文明有礼的教育环境。

这天，李翔的爸爸正好休假，就去幼儿园接李翔放学回家。刚走到门口，李翔的爸爸就看到儿子和一个跟他差不多年纪的小男孩面对面站在一块，两个人脸上都怒气冲冲的样子，周围还有不少小朋友在围观。

李翔的爸爸朝着儿子走过去，突然听到李翔指着站在他对面的小男孩厉声说道："你这个蠢货，这么简单的东西都弄不明白！"

估计可能从没听过这么粗鲁的话，那小男孩一扁嘴，"哇"地一声就大哭了起来。看到对方哭了，李翔翻了个大白眼，继续毫不客气地骂道："就知道哭，哭什么啊，是男人就撸起袖子来跟老子打一架，我们用拳头说话！"

听到这里，李翔的爸爸彻底怒了，直接冲过去一把揪住李翔的耳朵，骂骂咧咧地冲他吼道："你这小兔崽子，怎么说话的啊！谁教你的？"

看到爸爸怒气冲冲的样子，李翔不免有些心虚，但还是不服气地梗着脖子小声辩解道："那还不是你教的呗……平时你说话可比我说的难听多了，凭什么你能说我不能说……爸爸真不讲理……"

李翔爸爸顿时愣住了，再想想刚才自己骂儿子时候说的难听话，不免有些脸红，原来教会儿子污言秽语的，正是自己啊！

孩子的学习能力是非常强的，他们会不自觉地模仿周围亲近的成年人去做一些事情，可以说，在孩子认识世界的过程中，父母的影响是非常巨大的，孩子最初的世界观、价值观等等，几乎都是通过父母在生活中的言行举止和为人处世一点点学习并塑造起来的。故而俗话说的"龙生龙，凤生凤，老鼠生来打地洞"一言也并不是完全没有道理，毕竟对于孩子的成长来说，家庭环境的影响确实不容小觑。

怒火中烧的时候，说几句脏话确实能够有效帮助我们排解一些负面情绪，作为一个成年人，我们自然能分清楚，哪些话是可以在众人面前说的，哪些话是绝对不能在众人面前说的。而对于一个还没有完全自主意识的孩子来说，他们根本不懂得分辨这些。所以，假如我们在宣泄情绪、口不择言的时候，完全不避讳孩子，那么很容易就会让孩子形成乱说脏话的坏习惯。

如果你不想你的孩子以后变成一个毫无礼貌、乱说脏话的人，那么就请为他提供一个文明有礼的语言环境，让他学会通过正确并且彬彬有礼的方式来表达自己的想法和意见。另外，当你因无法控制自己的情绪而在孩子面前口出污言秽语之后，一定要懂得低头道歉，你必须要让孩子明白，说脏话是不对的，是错误的行为，不该被提倡。

父母是孩子的榜样，千万别用两面三刀的样子，毁了你在孩子心目中的形象。既然已经为人父母，那就应当承担起相应的责任，这种责任不仅仅包括把孩子养大，更重要的，是对孩子的教育和引导。你的一言一行，往往可能影响孩子长远的一生。

别用讽刺扼杀孩子的自信

讽刺是最伤人的一种语言，尤其是对处于成长期的孩子而言，这个时候的孩子还处于一种对自我进行探索和认知的阶段，周围的人对他的看法和评价是他认识自我，定位自我的一个重要参考。

很多大人在生气或愤怒的时候，常常会使用一些带有侮辱性的嘲讽来排解自己的不良情绪，即便是一个成年人，在面对难听的嘲讽时，往往都很难以平常心泰然处之，更何况是年幼的孩子呢？然而，很多抚养者却都没有注意过这个问题，常常会习惯性地用一些充满讽刺的语言来和孩子交流，殊不知，你的一句无心之言，却可能成为扼杀孩子自信的凶器。

某都市晚报上曾报道过这样一则新闻：

一名年仅15岁的初三学生，因为一次模拟考试没考好，回家之后便闷闷不乐地坐在沙发上看电视。妈妈下班回家之后，看到了放在餐桌上的成绩单，顿时气不打一处来，冲着孩子就骂道："你是猪吗？家教也给你请了，补习班也给你报了，才考这么点儿分数？你还好意思看电视？还不赶紧去读你的书，下次你要再给我考这样，看我怎么收拾你！"

听到妈妈的谩骂，原本就情绪不稳定的孩子顿时失去了理智，哭着冲出家门，然后投河自尽了。妈妈怎么也没想到，就因为自己气头上的一句话，竟把孩子逼上了绝路，让他结束了自己年轻的生命。

相信这位妈妈在责骂自己的孩子时，即便说出的话不是那么好听，但怀抱的应该也是一种"恨铁不成钢"的心情。但偏偏她却忽略了孩子此时此刻的承受能力，让那句不经大脑的讽刺，成了压垮孩子内心的最后一根"稻草"。然而悲剧已然发生，即便再后悔，却也无法再挽回任何东西了。

人是一种语言化的动物，对于人们而言，语言的影响绝对是不容小觑的，它可以直击人心，或给你灵魂的救赎，或在你的心口划下致命的伤痕。嘲讽的语言无疑是最为伤人的，它能直接粉碎别人的自信，伤害别人的自尊，这种伤害比拳头在身体上造成的伤害要更令人难以忍受。

然而最可怕的是，人类攻击的本能却让很多人都热衷于用嘲讽的表达方式去攻击别人，或者调笑别人。

比如有的人就特别喜欢在公共场合取笑别人，每每用嘲讽的方式将对方逼得退无可退时，便会兴奋不已，美其名曰"开玩笑"，而事实上除了他们自己之外，被"开玩笑"的人却往往笑不出来。

嘲讽是一种可怕的语言暴力，它比就事论事的责骂要更让人难以忍受。就事论事的责骂固然严厉，但至少会让对方明白，是因为自己做错了某件具体的事情，所以才招致了怒火和批评。嘲讽则不然，它总能以偏概全地刺激别人的自尊心，让一个失误上升到有违尊严甚至人格的地步。

比如当孩子考试没考好的时候，就事论事的责骂可能是："你看看这几题，都是做过的题目，为什么还出错？说明你不认真，明明可以拿分却丢分，自己去好好反省反省。"责备主要围绕的是"这次考试"这件事。

而如果是嘲讽，可能是："你看看你考的什么分数？你还能做什么？猪都比你强！"很显然，这样的责备已经远远超出了"这次考试"这件事，甚至否定了孩子在其他方面的所有一切成绩。

诚然，为人父母者，不可能真的这样嫌弃自己的孩子，即便说出口的嘲讽再难听，实际上也不过只是负面情绪的一种宣泄。可问题是，父母这样想，孩子却不能明白。对于孩子来说，那些直击心灵的刻薄话，每一句都是敲击在孩子心灵上的伤害。所以，面对你的孩子时，还是积点口德吧，别用嘲讽扼杀了孩子的自信，粉碎了孩子的自尊。

鼓励，帮孩子摆脱懦弱的阴影

交际这件事不仅仅存在于成年人之间，父母与孩子之间其实也是一种交际。父母与孩子本该是这个世界上最亲近的人，然而很多父母和孩子之间的关系却总是容易闹得非常僵，归根结底，还是在于双方都没有掌握到与彼此交际的正确方式和技巧。

父母与孩子之间本就不会存在什么深仇大恨，造成隔阂与伤害的，是彼此不正确的交流方式。比如很多脾气暴躁的父母，因为恨铁不成钢，往往会在冲动之下对孩子说出伤人的话，甚至于在情绪激动时还会拳脚相向。而孩子呢，他们的社交模式实际上很大一部分都是通过模仿父母而学习来的，因此，不善于与孩子展开交际的父母，又怎么培养得出善于和父母交际的孩子呢？

父母对待孩子的方式，与孩子的性格养成有着非常重要的关系。如果父母是强势的，具有攻击性的，那么往往容易让孩子养成懦弱的性格。因此，如果你想要让孩子摆脱懦弱的阴影，能够勇敢自信地抬起头面对生活，就得纠正你与孩子的交流方式，用温暖人心的鼓励帮助孩子重塑自信。

李倩今年已经上初二了，但却依然还像个孩子一样，不管做什么事情都畏畏缩缩的，就连问个路都会紧张得语无伦次。

有一次，学校举办艺术节，李倩班级打算表演的节目是全班大合唱，可是在临上台之前，李倩却紧张得哭了，怎么都不肯上台，最后还躲去了厕所。班主任在知道这件事之后觉得很奇怪，平时他只以为李倩就是害羞内向了一些，却没想到她会这样胆小。

为了帮助李倩，班主任很快安排了一次家访，在和李倩的母亲接触后，班主任很快找到了问题的症结。

李倩的母亲是个性格非常强势的人，在教育孩子时一直推崇"挫折教育"，但问题是，李倩从小性格就比较软弱内向，在母亲不遗余力的打压和管制下，不仅没能成长为母亲所期盼的坚强勇敢的模样，反而变得越来越懦弱，越来越缺乏自信。

发现问题的症结之后，班主任建议李倩的母亲，不妨试着改变一下和李倩的交流方式，用鼓励来代替批评。

虽然老师的建议和李倩母亲一直信奉的教育理念不太一样，但为了女儿，她决定还是试一试。之后，看到李倩做完作业，妈妈都会笑着夸奖她："宝贝，今天效率真高，快来休息一下。"听到李倩洗澡的时候唱歌，也会赞美她："这歌唱的不错，看来我女儿很有这方面的天赋啊，下次再给妈妈唱一首。"

渐渐地，李倩母亲发现，原本总是畏畏缩缩的女儿似乎变得活泼了很多，脸上笑容多了，有客人到家里做客也会主动打招呼了。更重要的是，她能感觉到女儿和自己的关系亲近了很多。

与不同的人交际要用不同的交际手段，教育不同的孩子也需要用不同的教育方式。对于活泼外向，容易骄傲自大的孩子，不时予以敲打可以让他学会谦虚；但对于本就柔弱内向的孩子，如果还是给予敲打，那么反而可能会让他变得越来越懦弱，越来越胆怯。就像李倩那样，她本身性格就不强，又是胆小害羞的人，她真正需要的是鼓励和赞扬，唯有鼓励和赞扬才能帮助她树立信心，摆脱懦弱的阴影。

与成年人展开交际的时候，我们要明确对方的性格特点，投其所好，才能迅速建立和谐友好的关系。与孩子进行交际同样如此，每个孩子都有各自不同的性格特点，面对不同性格的孩子，与之展开交流的方式也应有所不同，不能一概而论。

第十一章　恋爱与婚姻，都是"说"出来的：爱是情感，更是一种能力

爱是需要表达的，它不仅仅是一种情感，更是一种能力。真正让人感到舒服的爱，往往都是有技巧和方法可循的。不管你爱的情感有多么浓烈，如果不懂表达，只会一味埋在心中，那么是永远也无法传达到对方心里的。恋爱也好，婚姻也罢，都是"说"出来的，只有大胆地"说"，聪明地"说"，才能把爱传递出去，把爱抓在手里。

"说"出来的爱，谁都爱听

爱情是美好的，却也是让人不安的。坠入爱河的人总是容易患得患失，毕竟这是一种神奇的情感体验，它与被血缘牵绊的亲情不同，两个原本没有任何关系的人，因为爱情而联系到了一起，这种关系甚至可能超越亲情、友情。可偏偏谁也说不清楚爱情是如何产生的，谁也不知道爱情会在什么时候消亡，它浓烈绵长，却也不可捉摸，无法掌控，所以，每一个被爱情俘虏的人，心中必然都存在着对未知的迷茫与不安。

坠入爱河中的人都喜欢用各种各样的方式去寻找爱情的证据，由此来让自己的内心有些许的安全感。毕竟不管再怎么相爱，彼此之间也不可能真正明白对方脑子里在想什么，也无法切身地体会对方心中的感受。所以，情人之间总是少不了爱的语言表达，它不仅仅是爱情的黏合剂，更是给予对方的安全感。

陈磊和女朋友蓉蓉在一起已经两年了，陈磊是个很踏实的男人，虽然不懂什么浪漫，但对蓉蓉特别好，早上送早餐，晚上接下班。

蓉蓉是典型的小女人，喜欢撒娇，缺乏安全感。蓉蓉很爱陈磊，陈磊对她的好也时常让她觉得很感动，但更多时候，蓉蓉却总觉得她和陈磊的爱情里缺少点什么。陈磊是个不善言辞的人，他会掏心掏肺地对你好，但是却很少用语言表达。每次看到身边的朋友因男友的甜言蜜语而娇羞甜蜜时，蓉蓉心里是有些许失落的，交往两年，陈磊就连一句"我爱你"或"我想你"之类的话都很少会对蓉蓉说。

一个周末，陈磊和往常一样去找蓉蓉，两人上个星期就已经约好今天要去看电影了。到了电影院之后，陈磊问蓉蓉："你想看哪一部？"蓉蓉凉凉地看了陈磊一眼，随意地说道："我想什么你能不知道吗？"然后就不再言语了。陈磊觉得蓉蓉有些奇怪，但没多想，按照蓉蓉以往的口味选了一部电影。

看完电影之后，陈磊又问蓉蓉："今天想吃什么？"蓉蓉还是那副不喜不怒的样子，软绵绵地来了一句："我喜欢吃什么你还不知道？"最后陈磊带蓉蓉去吃了火锅，去的是平时蓉蓉最喜欢的那家。

一整天的约会下来，蓉蓉都不怎么高兴，不管陈磊问什么，她都是以一句"我想要什么你能不知道吗"给堵回去。到晚上的时候，陈磊再迟钝也发现蓉蓉的不对劲了。陈磊小心翼翼地问蓉蓉："你今天怎么了呀？是不高兴吗？有什么事你要说出来啊，不然我怎么知道你在想什么呢？"

蓉蓉似笑非笑地看着陈磊说道："我们都在一块两年多了，我还以为咱俩之间已经达成心有灵犀的默契，再也不需要通过语言来进行表达了呢！怎么着？你的心思我就得自己猜，我的心思你却猜不着？"

听了这话，陈磊转念一想，终于明白蓉蓉是在闹什么脾气了。他哑然失笑，红着脸凑到蓉蓉耳边，低声说了一句："宝贝，我错了，以后我想什么都告诉你好不好？我爱你，我想你，我喜欢和你在一起……"

那之后，陈磊再也不吝啬向蓉蓉"表明心迹"了，看着传来的写满甜言蜜语的短信，蓉蓉终于觉得自己的爱情圆满了。

总有人说，爱一个人是不需要常常挂在嘴边的，重要的不是看你说了什么，而是看你做了什么。诚然，实实在在的付出永远比挂在嘴上的甜言蜜语更令人动容，但如果那些动听的语言能够给予你的爱人更多的安全感和更美好的爱情感受，那我们又何必吝啬于用语言去表达内心的爱与悸动呢？情话是最美好的语言，把爱情说出来，谁都喜欢听。

好男人都是夸出来的

人们总是调侃说："婚姻是爱情的坟墓。"一切美好的恋情，仿佛步入婚姻之门后便开始褪色、崩坏了。人明明还是那个人，爱明明还是那份爱，可为什么一张结婚证书却能让一切都变得面目全非呢？这难道不是一件很奇怪的事情吗？

其实，冷静下来想一想，走入婚姻之后真正变质的，从来不是爱情，而是彼此。恋爱时候的男女之间，甜蜜的夸奖与鼓励永远比不满的批评和责难要多，今天你换了个新发型，我满心欢喜地夸你"宝贝真漂亮"，明天我送你一条裙子，你惊喜万分地抱紧我高呼"亲爱的你眼光真好，我很喜欢"。

结婚之后，或许是由于心态的转变，彼此之间的言语表达也开始出现了转变。你可能再也没有注意过对方的新发型或新裙子，对方也开始对你挑三拣四，试图把你身上的种种缺点都一并改正。甜蜜的夸奖与互动成为了冰冷的指责与不满，交流的方式改变了，眼中的彼此改变了，即便爱情还是那份爱情，情人却已经不再如当初那般柔情蜜意，小心翼翼。婚姻的悲剧往往就是这样造成的。

其实，不论男人还是女人，都喜欢听好听的话。相比直白的指责和批评，温柔小意的鼓励和赞扬无疑更能让人听得舒心，听得顺心。聪明的女人总是深谙此道，她们懂得用好听的话语去掌控男人，激励他们往更好的方向发展。

在周围人眼中，莉莉简直堪称人生赢家。她有一份不错的事业，有一个幸福的家庭，丈夫不仅长相帅气，而且多金有本事，为人又十分体贴。每次谈起莉莉的生活，朋友们无一不是羡慕非常。有不少朋友都请向莉莉请教过"驯夫秘诀"，莉莉总是回答："其实很简单，你希望他是什么样，你就把他夸成什么样，日子久了，他也就真变成那样了。"

在平时的生活里，莉莉的丈夫因为工作很忙，所以大部分的家务都是由莉莉来承担的。但只要有空，丈夫也会帮助莉莉做一些力所能及的事情，每当这种时候，莉莉都会表现得对老公特别热情，不仅主动捏肩捶背，还不忘在耳边不停地夸赞丈夫："亲爱的，好棒，真是太能干了！"于是，在这种"糖衣炮弹"的攻击下，莉莉的丈夫对做家务的热情也变得越来越高涨。

有一次，家里的抽水马桶出了问题，莉莉的丈夫正好有空在家，便没有叫工人，而是自己上网查资料，摸索着把抽水马桶修好了。莉莉万分激动，抱着丈夫就是一顿夸："老公你真是太聪明了，好厉害啊，什么都会做！"看着妻子双眼发亮的崇拜小眼神，丈夫听得心花怒放。在这样的崇拜目光下，莉莉丈夫学会了不少修理家电的简单技能。

日子久了，在莉莉不遗余力的夸奖下，丈夫也变得越来越能干，越来越体贴。

好男人都是夸出来的，聪明的莉莉很明白这一点，一步步把老公"夸"成了自己理想的模样。

谁都喜欢听赞美的话，因此，当人们在接受表扬的时候，往往都会下意识地往被表扬的方向更努力一些，以期待能得到更多的赞扬。在这种期待的推动下，人往往会表现出更多的激情，激发更多的能力，让自己的形象更接近于被赞扬的那个角色。就像莉莉所说的那样，当你希望一个人变成什么样子的时候，你就努力把他夸奖成那个样子，相信没有谁能拒绝这样柔情蜜意的引导。

当然了，夸奖可以适当夸大，但千万不能盲目，严重脱离现实的夸奖反而会适得其反，甚至引起对方的反感。比如对方明明不擅长下厨，你却违心地称赞他做菜好吃，这样反而会让对方以为这是一种嘲讽。所以，夸奖男人，一定要夸到点子上，夸他最引以为傲的得意之处。

斗嘴斗出来的"打情骂俏"

相爱的恋人之间总会有一些独特而甜蜜的语言互动，也就是我们所说的"打情骂俏"。你"骂"一句，我回一句，你来我往，便成了一场没有硝烟的争斗，宛如一场甜蜜的语言"竞赛"，明明是在斗嘴，却又让彼此之间变得更加甜蜜。

台湾女作家玄小佛的短篇小说《落梦》中就有这样一段关于恋人之间

的斗嘴描写：

"我真不懂，你怎么不能变得温柔点。"

"我也真不懂，你怎么不能变得温和点。"

"好了……你缺乏柔，我缺乏和，综合地说，我们的空气一直缺少了柔和这玩意儿。"

"需要制造吗？"

"你看呢？"

"随便。"

"以后你能温柔点就多温柔点。"

"你能温和些也请温和些。"

"认识4年，我们吵了4年。"

"罪魁是戴成豪。"

"谷湄也有份。"

"起码你比较该死，比较混蛋。"

从这段描写中就能看出，恋人之间这种打情骂俏式的斗嘴互动，与普通的争吵是全然不同的，彼此仿佛在指责，却又似乎在依赖，像是针锋相对，偏偏又透着些缠绵悱恻。如同一场有趣的语言游戏，在彼此的宽容和相知中，不断竞赛又不断纠缠。

既然恋人之间充满情趣的斗嘴可以定性为一种语言游戏，那么必然也是需要遵循一定规则的，否则若是缺少约束，将斗嘴发展成争吵，那就得不偿失了。

1. 即便是开玩笑，也不要说出伤害对方尊严的话

斗嘴本来是一种情趣，但有时候，因为把握不好开玩笑的尺度，一不

小心就可能说出伤害到对方的话，把斗嘴升级成争吵。为了避免这种情况的发生，即便是在开玩笑的时候，我们也要懂得谨言慎行，尽可能不去触碰一些容易引爆的"雷区"。比如涉及到尊严、家人、信仰等等方面的话题，能不触碰最好不要提及。

2. 留心对方的情绪变化，该打住时要打住

恋人之间的斗嘴是一种情趣，虽然少不了唇枪舌剑的交锋，但一定要懂得放下争强好胜的心思，否则斗嘴是非常容易发展成争执的。

当心情愉悦的时候，耍嘴皮子开玩笑可能是一种情趣，但在心情不佳时，耍嘴皮子开玩笑却只会让人心情更为烦躁。所以，在与恋人斗嘴的过程中，我们一定要注意时刻留意对方的情绪变化，当发现对方的情绪波动已经超过正常的范畴时，一定要懂得及时打住，以免把充满情意的逗弄变成嘲讽和伤害。

3. 把握好感情的深浅，把话说得恰到好处

与人谈话通常有这样一个原则："浅交不可深言。"这个原则同样适用于放在谈恋爱的男女之间。恋爱是一个循序渐进的过程，从暧昧到确定彼此的心意，从相互试探磨合到鹣鲽情深。每一个不同的阶段，恋人之间的感情深浅也是有所不同的，对话题的接受程度自然也会有所不同。

不管聊天还是开玩笑，要保证交流能愉快地进行下去，就得把握好尺度问题。假如恋爱双方已经有了深厚的感情基础，对彼此也有了较为深入的了解，那么在斗嘴的时候，自然可以嬉笑怒骂，百无禁忌。但如果感情还处于一个朦胧的试探阶段，那么在斗嘴时就要注意谨言慎行，尽可能挑选一些安全的话题或调侃切入点，以免不小心触碰到对方的底线。

来点"醋",生活中不能缺少的"调味品"

男女之间的相处是一门技术活,把握得好,就能让平淡的生活也充满激情和火花,把握得不好,则容易流于平淡,变得沉闷又乏味。

在爱情生活中,"醋"绝对是不能缺少的"调味品"。喜欢过分吃醋的恋人固然容易让人厌烦,但完全不懂吃醋的恋人则往往更令人难以接受。吃醋也是一种表达爱的方式,如果你的恋人从不因为你的任何行为而吃醋,那么只能说明他对你的在乎实在微乎其微。吃醋就如同爱情的助燃剂,偶尔撒一点,才能让爱情的火焰燃烧得越来越炽烈。

李欣和周毅在经过10年的爱情长跑之后终于携手步入了婚姻的殿堂,婚后小两口感情依旧非常甜蜜,经常一起手拉手去逛街。

男人本就是视觉动物,看到漂亮的女人时,哪怕没有什么别的想法,也会下意识地多注意几眼。周毅自然也不例外,每次和李欣一起上街,看到路过的漂亮女孩时,目光也会下意识地在对方身上停留片刻。

以前刚谈恋爱的时候,李欣都会因此而吃醋,时不时还和周毅闹点小别扭。现在两人感情稳定,婚也结了,虽然李欣依然不高兴自己的老公被别的女人吸引注意,但一方面她很相信周毅,另一方面也不想让自己显得无理取闹,所以对这事也就不怎么计较了,有时甚至还会兴致勃勃地一块和周毅讨论讨论路过的女生哪个更好看。

对于老婆的变化,周毅觉得很奇怪,好奇地问她说:"老婆,结婚以前,我一看漂亮姑娘你就掐我,怎么现在结了婚你倒不在意了?难道领了证我就不值钱了?"

李欣瞥了周毅一眼,故作大方地说道:"我这是信任你。再说了,爱美之心人皆有之嘛，你喜欢看我就陪你一块看呗。"

这个看似巧妙又得体的回答却没有取悦周毅，反而让他觉得心里有些空落落的。从那之后，周毅开始有了一些变化。以前他并不喜欢和朋友去酒吧玩，但现在时不时地也会答应邀约，而且完全不避讳李欣；以前他每次接电话都不会压低声音，现在一接电话他就遮遮掩掩；以前他电脑上的QQ、邮箱几乎都是"记住密码"模式，现在却得自己输入密码才能登陆……

周毅的变化李欣自然都看在眼里，一方面她觉得很不安，担心丈夫是不是有了外遇；但另一方面她又不断安慰自己，生怕自己胡乱吃醋的行为伤害到夫妻间的信任和感情。可是，李欣越是表现得若无其事，周毅却反而越是变本加厉，这让李欣陷入了痛苦和纠结之中。

不得已，李欣只得背着丈夫偷偷找了他的一个铁哥们，变着法地打听周毅最近的情况。周毅的哥们一看李欣的样子就明白这对小夫妻在干什么了，他笑着对李欣说："什么事都乱吃醋的女人固然让人觉得不懂事。但对什么都不吃醋的女人，也是很伤害男人的自尊心的。你们家周毅这是被你的贤惠大方伤到自尊啦！"

了解到丈夫真正的心意之后，李欣不禁哑然失笑，看来自己的贤惠大度完全不对周毅的胃口啊！从那之后，李欣不再强迫自己做个"贤惠"的老婆，甚至有时候明明知道周毅没有欺骗自己，也会无伤大雅地吃个醋，逼着周毅说情话表明忠心。

一个贤惠大度的恋人固然让人感觉轻松，但过分的贤惠大度却也容易让对方感到不安和失落。吃醋也是一种爱的表现，当恋人因为自己的有些行为而吃醋时，恰恰说明对方对自己的在乎。吃醋就像爱情里的调味品，放得多了，会让原本美味的爱情变得难以下咽，但却也不能完全不放，否则爱情会变得寡淡无味，让人提不起食欲。

所以，还是做个会吃醋的恋人吧，酸酸甜甜，微微发涩，这才是爱情最迷人的味道。当然了，吃醋的量也是得把控好的，不能不分时间场合地给对方添麻烦找事，毕竟爱情的酸甜里，甜才应该是主味。

开口之前，先让自己冷静下来

两个人长期相处，无论是作为夫妻还是恋人，都难免会发生摩擦和争吵。毕竟不管多么相爱，都会产生意见分歧的时刻，这是非常正常的一件事情。人毕竟都是情绪动物，在情绪被触发之后，争吵就成为了一种虽然激烈却也正常的沟通方式。真正容易影响到彼此感情的，并非是争吵本身，而是在争吵中不过脑子说出的话。

当人被愤怒的情绪冲昏头脑时，会变得极具攻击性，哪怕站在对面的那个人是你深爱的恋人，也可能因为一时的冲动和头脑发热，故意说些杀伤力大的话去刺激对方，伤害对方，这种话赶话下的争吵是非常危险的，尤其是双方都失控的时候，为了压对方一头，往往很容易说出些口不对心、不可挽回的话，而这无疑是对感情的一种摧毁。

何江和刘芳是大学同学，两人大一刚认识就看对眼成了恋人。因为家都在同一个城市，所以何江和刘芳并不存在"毕业就分手"的问题，反而在一毕业之后就顺利携手步入了婚姻的殿堂。

虽然是怀抱着爱情步入婚姻的，但毕竟两个人从来没有真正在一个屋檐下生活过，有很多事情都是需要一步步磨合的。这不，刚度完蜜月，这对刚生活在一块的恋人就开始摩擦不断了。

其实要说起来，引发矛盾和摩擦的，还真都是一些无关痛痒的小事，大多都是生活习惯上的问题。比如何江这人性子大大咧咧，爱睡懒觉，不喜欢做家务。刘芳呢，倒是非常勤快，但脾气比较急躁，为人又比较强势。因此在很多琐碎事情上，两人常常会发生争执。

就说上个周末吧，何江因为巧遇一个多年不见的老朋友，一块喝酒聊天，直到半夜才各回各家。第二天一大早，何江还在睡梦中就被刘芳暴力叫醒了，他们前两天就说好今天要去老丈人家。如果只是去家里坐坐，那其实再晚点儿倒也没事，但正巧刘芳父母家的纱窗坏了，材料已经买好，就等着何江去修呢。可这会儿，何江还晕头转向的，哪起得来床，于是便可怜巴巴地向老婆求饶："亲爱的，就再睡半小时，20分钟也行啊，真的起不来，我会死的……"

刘芳的火气噌地就上来了，不高兴地说道："之前都说好的事，谁让你昨天那么晚回来的？你有精力去陪你那些朋友应酬，就没精力去给我父母干点事吗？"

听刘芳这么说，何江心里也不舒服的，就嘟囔了一句："我那同学都好几年没见了，再说你父母那边不是经常都过去的吗，拖两天又不会怎样……"

刘芳瞪大了眼睛："哟，还委屈了，抱怨了是不是？我当初真是瞎了眼，怎么就看上你这种人了！"

话说到这份儿上那就严重了，何江生气地一拉被子，干脆蒙住头不理刘芳。看到何江这反应，刘芳更是上火，扑上去扯着被子就开始骂何江，何江也火了，冲着刘芳吼了一句："你看看你，像个泼妇一样，到底是你瞎了眼还是我瞎了眼啊！"

这下直接开始动手，一个无比糟糕的周末就这样拉开了帷幕。

在何江和刘芳的争吵、打架过程中，其实只要有任何一方能忍住火气，事情都不至于发展到这么个地步。可偏偏，脾气一上来，话赶话，就越说越难听了。

很多夫妻或恋人间的矛盾，实际上都是从一些无关痛痒的小事情上开始的。事情本身没有什么，最怕就是两个被愤怒冲昏头脑的人开始相互攻击，不留余地，闹得针尖对麦芒，谁都讨不了好。

当你与爱人之间因小冲突而爆发争吵时，一定要记住，千万别在愤怒的时候开口，哪怕暂时采取冷处理的方式，也比在头脑发热时说出无法收回的话更好。说出去的话就像泼出去的水，永远也无法再收回来了。所以，开口之前，先记得让自己冷静下来，别在愤怒的影响下对爱人做出让自己懊悔终身的伤害。

撒娇，女人对付男人的杀手锏

聪明女人对付男人，讲究以柔克刚，轻飘飘、软绵绵几句撒娇的话，就能把钢铁一样的汉子变成绕指柔。在这个世界上，漂亮的女人不一定就能制服男人，但会撒娇并且擅长撒娇的女人却绝对是男人的克星。正所谓这温柔乡是英雄冢，心肠再硬的男人，碰上了娇滴滴的女人，往往也都是束手无策的。

男性天生就自诩为强者，那种小鸟依人、楚楚可怜的弱女子，往往最容易激起男人的保护欲，也最容易让男人动心。很多女人却不明白这个道理，尤其是在结婚以后，更是觉得丈夫就好像自己的私人物品一般，总是冷冰冰、硬邦邦地对他发号施令。殊不知，这样只会把男人推得越来越远，让男人对你越来越反感。那些会撒娇的女人则不同，她们甚至不需要去争吵，去大吼大叫，就能让男人甘心情愿地把她们想要的东西双手奉上。

比如做家务，如果你总是摆着一张冷脸，抱怨丈夫不帮忙分担家务，那么即便达到逼迫丈夫做家务的目的，丈夫的心情必然也是烦闷的，做家务同样也是心不甘情不愿的。但假如换一种方式，没有冷脸，也没有抱怨，而是温柔又风情地撒娇，让丈夫帮你分担些家务，相信情况就会大不一样了。毕竟面对一位女士温柔又娇怯的请求，恐怕没有一位男士会忍心拒绝。

姜伟的妻子马莉长相只能算是清秀，平时也不见多会打扮自己，她比姜伟还大一岁，平日在家也不经常做家务。不管从哪方面的条件来说，姜伟配马莉那是绰绰有余，事实上周围很多朋友都想不通，姜伟怎么就娶了马莉这么个妻子。

然而，姜伟对马莉却是疼进了骨子里的，恨不得马莉说东，他绝对不会往西，每天被支使得团团转也就罢了，他还挺乐在其中，心甘情愿地扮演着好老公的角色。

郭超是姜伟的好哥们，他无数次问过姜伟，到底看上马莉什么了，怎么就甘愿栽在她身上，每次姜伟都摆出一副"我的幸福你不懂"的模样。直到有一次，郭超去姜伟家做客，他才似乎找到了答案。

那天，郭超有事去了姜伟家，正巧马莉休假也待在家里。郭超刚坐下，姜伟就给他倒了杯茶，这时，刚晾好衣服的马莉走到客厅，冲着姜伟笑嘻嘻地说道："老公，我也要喝茶，这是新买的云雾吧？"

姜伟轻轻拍了一下马莉的脑袋，无奈地说道："乖，自己动手，丰衣足食，你又不是客人，还要老公招待你啊。"

眼看姜伟已经坐在了沙发上，马莉却不依了，一把抱住姜伟的胳膊开始撒娇："可是，老公泡的茶就是好喝，可好喝了呢，好想喝老公泡的茶呀！"

看着马莉亮晶晶的眼睛和甜甜的笑容，姜伟无奈地揪了揪她的脸，转头对一旁的郭超说道："你等会儿，我给你嫂子泡杯特质的老公爱心茶去！"

看着这夫妻俩的互动，郭超脸一红，起了一层鸡皮疙瘩，心里却似乎找到了答案，就连马莉那张顶多算得上清秀的脸，似乎都变得漂亮了许多。

可见，这女人撒娇的威力，那绝对是不容小觑的。所以，当你想要支使一个男人做点什么事情的时候，与其冷冰冰、干巴巴地颐指气使，闹得他不情愿，你不开心，倒不如学学马莉的套路，示个弱，撒个娇，不仅能让他乖乖就范，还让他就范得心甘情愿。

当然了，即便是撒娇也得掌握好火候，懂得见好就收。要是过了火变了味儿，那就成任性难缠了，反而会让人觉得你刁钻不懂事。再者，撒娇是恋人间的一种亲密行为，一定要懂得分场合、看对象。此外，在发起撒娇攻势之前，一定要看准对方的情绪状态，千万不要在对方情绪欠佳的时候乱撒娇，否则就只能自讨没趣了。

培养感情，从说话开始

伟大的哲学家、诗人尼采曾遇到过一名女子，他们彻夜长谈，不觉疲惫，似乎有着永远也说不完的话。于是尼采便向这位女子求婚了，这是他遇到的第一个如此"聊得来"的女人。可惜最终，这段爱情并没有一个圆满的结局，那名女子还是离开了他。此后，一直到精神崩溃，尼采都没有再遇到一个能和他有这么多话聊的女人。最后，尼采留下了这样一段话："婚姻生活犹如长期的对话——当你要迈进婚姻生活时，一定要先这样反问自己——你是否能和这位女子在白头偕老时，仍然谈笑风生？婚姻生活的其余一切，都是短暂的，在一起的大部分时光，都是在对话中度过的。"

在茫茫人海中，遇到一个有话聊的人确实不容易，尤其是在朝夕相对之间，再多的话题也都有结束的时候。可就如尼采所说的，在婚姻生活中，绝大多数时候，我们与爱人的相处都是在对话中度过的，若是有一天，彼此相守，却无言以对，那该是多么悲哀的事情。

培养感情，往往是从说话开始的，你来我往的对话间，一点点了解彼此，一点点渗透对方的思想、灵魂。维系感情，同样也该从说话着手，只要彼此之间还有话说，还愿意对话，那么至少意味着彼此还不至于两看相厌，还能在你来我往的废话中执手相望。

林泉和王湘是一对欢喜冤家，两人从刚认识就开始了唇枪舌剑的较量，谁都不肯服输。周围认识他们的朋友都没想到，这两人最后能走到一起，而且还真的结婚了。

虽然已经携手步入婚姻生活，但林泉和王湘的互怼生涯从来没有结束过。互相拆台几乎已经成了这对夫妻默认的相处模式，并且还乐此不疲。

有一段时间，因为受到金融风暴的影响，王湘不幸加入了裁员大军，在家里待了一段时间。看着老婆成天无所事事，自己却忙得跟狗一样，林泉难免有点儿心理不平衡，便出言讽刺道："哟，你这都快变成废物了吧，怎么也不想想怎么废物利用一下?"

王湘也不甘示弱,冲着林泉眨眨眼睛说道:"要是不懂,怎么能嫁给你呀?放心吧,我可没打算指着你一辈子,明天就让你瞧瞧,我可比你抢手多啦!"

听了王湘泼辣又幽默的一席话,林泉哑然失笑,心里那一点点的不快似乎也烟消云散了。

还有一次,王湘失手打碎了一个盘子,林泉瞥了她一眼,佯装生气地说道:"瞧瞧你,笨起来的时候,真跟头蠢猪似的!"

王湘也不生气,凉凉地瞧着林泉,轻描淡写地答道:"看来这么多年你小子口味挺重啊,都跟我睡一块呢,不知道您老又是什么东西呀?"

虽然两人很少说肉麻兮兮的甜言蜜语,但唇枪舌剑的感情却一直经历着大风大浪的考验。有闺蜜私底下问过王湘,有林泉这么一个嘴损的老公,不会觉得憋屈吗?可王湘却笑嘻嘻地说道:"他要不嘴损,我还不一定嫁给他呢。要是能这么热热闹闹地怼上一辈子,我倒觉得特别有滋味。"

再好听的情话都有听腻的一天,再多的话题也都有说完的时候,反而像林泉和王湘这样吵吵闹闹,唇枪舌剑的小日子,才更能过得细水长流,有滋有味。

两个人之间,最怕的不是争吵,而是沉默,只要还有话说,那么感情便还有重建、回旋的余地,可若是到有一天,相对无言,张嘴也不知道该说什么的时候,那么这段感情大约也就只能在沉寂中消亡了吧。

其实,话都是人说出来的,哪怕是生活中毫无意义的对话,只要懂得去挖掘,也能变得有滋有味,充满欢乐,就好像林泉和王湘那样,即便在毫无意义的互怼中,也能感受到彼此的情谊与家庭的温馨。

和女人说话，得让思维"拐个弯"

都说女人的脸就跟三月的天似的，说变就变。恋爱中的女人更是如此，前一秒还春光烂漫，下一秒就能阴云密布，一通脾气发完了，往往男人还云里雾里，搞不清楚自己究竟哪里做错了，哪里说错了。

王勇就是这么一个永远也搞不懂女人心的直男。最近，他新交了一个女朋友悠悠，一个娇俏可爱的小女生。王勇对悠悠很好，宝贝似的宠着，可即便如此，悠悠也总是会莫名其妙就对他发火。

就说上次约会的时候吧，天气特别热，王勇陪悠悠逛了半天，路过一家冷饮店的时候，实在走不动了，便对悠悠说道："要不咱休息会儿吧，这天也太热了。"

悠悠说："才刚走了一个小时呢，你就不行啦？"

王勇无奈地说道："你们女人一逛街就疯狂了，我们这种直男可比不了。"

王勇这话刚说完，悠悠就火了，不高兴地冲着王勇吼了一句："不想和我走你就自己回去吧！好像我很乐意和你一起逛街似的！"

看着悠悠愤怒走开的身影，王勇只觉得莫名其妙，根本不知道自己怎么惹到她了。

一路上，王勇都跟在悠悠身后，想拉着她说几句话，但悠悠就是不理他。王勇也有点火了，尤其是路上人还这么多，难免觉得有些没面子，于是就板着脸说了句："别闹了，在大马路上的，多丢人啊！"

一听这话，悠悠更是怒火中烧，转过头看着王勇冷冷地说了一句："什么意思你？嫌我丢你的人？"

王勇一愣，顿时觉得有些无言以对。悠悠就更生气了："怎么不说话？

你是不是早这么想了？要是觉得我丢人，你跟我出来干嘛？"

"够了，你别这么无理取闹好不好！"王勇几乎想也没想就冲着悠悠吼了一句。

顿时，悠悠的眼泪刷就掉了下来，边哭边说了一句："王勇，我记住你今天说的话了！"说完就扭头跑了，留下王勇一个人在原地目瞪口呆，从头到尾他都不知道，自己到底怎么惹到悠悠了。

从悠悠的表现其实就能看出，王勇第一句惹怒悠悠的话，其实就是那句："你们女人一逛街就疯狂了，我们这种直男可比不了。"王勇说这句话可能并没有什么多余的意思，只是陈述了他所认为的一个事情。但是这话在悠悠听来味道就变了，就好像是王勇在抱怨陪悠悠逛街是件很勉强的事情一样，第一波怒气开始爆发。

原本在这个时候，王勇要是能说句好话哄哄悠悠，事情可能也就完结，偏偏王勇根本不知道自己惹了女朋友，不要命地说出了第二个推动怒气的关键词——"丢人"。一个男人对正在和他吵架的女朋友说"别丢人"，这话听在女人耳朵里，不就是在指责她现在的行为给男人丢人了吗？怎么可能不生气？

然后，王勇很给力地抛出了第三个让悠悠彻底爆炸的关键词：无理取闹。这回好了，谈判彻底破裂。对一个正在气头上的女人说她"无理取闹"，这跟在炮仗堆上点火有什么区别？

回过头去看，王勇和悠悠的这场争吵实在令人哭笑不得，明明没有什么矛盾，却因为彼此思维无法接轨，导致沟通失败，甚至互相伤害。

女性与男性的思维方式本来就有很大不同，女性往往比男性要更敏感、更细腻，也更缺乏安全感，因此很多时候，男性无意的一句话，却可能会激发女性的无限联想，甚至拐着弯地戳中了女性的"爆炸点"。其实，女人的心思并不难猜，只是在和女人说话时，思维得学会"拐个弯"。女人的情绪虽然善变，但其实也是来得快去得也快的，只要你能说句好听的话、服软的话，就能让她迅速从不良的情绪中走出来。

第十二章 展现高情商的"实用话术":话,就得这么说才好听

说话是一门艺术,也是一门技术,是有技巧可学习的。在不同的场合,面对不同的人,就得说不同的话。会说话的人,开口就能让人高兴,而不会说话的人,开口就能把人气得跳起来。所以说,一个人,会不会说话,说得好与不好,这其中的差别是非常大的。

说服的话——攻心才是硬道理

这个世界上，有很多事情其实都是没有对错之分的，只是双方的立场不一样，想法不一样，所以才会发生冲突与争执。就像螃蟹和乌龟，一个横着走，一个竖着走，你却很难得出一个结论，说究竟是横着走正确还是竖着走正确。

在谈判桌上，很多人都会陷入一个误区，认为要说服别人接受自己的意见，就得先证明别人的意见是错的，自己的意见才是正确的。但实际上，这种想法本身就不对。同一个问题，不同的人会产生不同的看法原本就是很正常的，在现实生活中，不是所有问题都有一个标准答案，选择 A 是对的，但选择 B 又未尝没有道理。

把自己的想法强加给别人，这个命题本身就是错误的。你想要说服一个人，就得去理解他的想法，他的需求，站在他的角度去想他所想，思考他真正想要的。你甚至不需要去驳斥他，不需要告诉他所谓的正确答案。最高明的说服其实在于"攻心"。

1987 年的一天，在纽约一家珠宝行里，新来的业务员丽娜在接待一位顾客的时候，不小心把一颗价值不菲的珍珠掉到了地上。当时店里客人很多，丽娜一个不留神，就不见了珍珠的踪迹。

要知道，这颗珍珠的价值远远超过了她的工资，要是无法找回珍珠，丽娜不仅会失去好不容易找到工作，甚至还要背负上巨额的债务。那一刻，丽娜感到十分绝望，她扫视着店里的每一位客人，回想着珍珠滚落时候的场景。最终，她将目光锁定在了一位男士身上，那位男士打扮得虽然很得体，但衣着显然有些陈旧，他若无其事地站在角落，眼神却透露着挣扎和闪躲。

丽娜几乎可以确定，珍珠很可能就在那位男士手中，而那位男士或许正在挣扎，是否该将这颗足以改变他境况的珍珠据为己有。

丽娜紧张地走到了那位男士身旁，抬起眼睛看向他，闪烁着泪光轻声说道："先生，您知道，在这样艰难的时期，想要找到一份工作真的很不容易。这是我上班的第三天，我真的十分需要这份工作。"

听到丽娜的话，这位男士愣住了，他呆呆地看着丽娜噙着泪光的双眼。

丽娜将他的反应看在眼中，于是又恳求地将这话重复了两遍。终于，这位男士伸出手紧紧握住了丽娜的手，然后转身走出了珠宝店。丽娜颤抖着把手打开，那颗失而复得的珍珠正静静地躺在她的手心，散发着迷人的光泽。

不得不说，这是一场精彩的说服。

丢失珍珠是丽娜的失误，而且她手上没有任何证据可以证明，那颗珍珠是被那位男士捡走了。如果当时她走向那位男士，直接告诉他说："请把珍珠还给我。"那么无异于是在逼迫男士当众承认自己的不义行径。而且，作为客人，只要男士坚决不肯承认，最终的黑锅还是只能由丽娜自己来背。即便最后确实证明了珍珠在男士身上，那么这位男士顶多灰溜溜地离开；而丽娜的工作，恐怕也是无法保住的。

丽娜最巧妙的地方就在于，她既没有义正言辞地指责那位男士，也没有试图用拾金不昧之类的大道理去说服他，而是选择了一种最打动人心的方式——攻心。从那位男士的衣着和眼神中，丽娜知道，他和自己一样，是一个在困境中挣扎的人。因此，丽娜直接向他说明了自己的境遇，表达了自己的恳求，从而激发了这位男士的同理心，最终交出了珍珠，让这个意外圆满落幕。

可见，想要说服一个人，攻心才是硬道理。当你能够把话说到对方的心坎里，让对方产生共鸣的时候，你说的话究竟正确与否其实已经不重要了。说服与辩论不同，辩论需要分出胜负，而说服的目标则只有一个——打动人心，获得对方的认可。

禁忌的话——失意人面前莫说得意之话

人总是本能地认为，只要自己展现出足够的优势，就可以得到别人的敬佩与欣赏，然而事实上，那些喜欢夸耀自己的人，恰恰正是人们最讨论的一种人。尤其是那种丝毫不顾及别人的心情，在失意者面前还不停炫耀自己成功的人，简直令人厌恶。

试想一下，当你正在饥饿中挣扎的时候，一个人却不停地在你面前说昨晚在五星级大酒店吃的螃蟹有多么美味，你是会敬佩和欣赏他的成功，还是恨不得把他按在地上揍一顿？所以说，在失意的人面前别说得意的话，那只会更加突出你的自私和虚荣，让人对你更加反感和厌恶。

最近，林珊的丈夫因为公司经营不善而陷入财务危机，会计和副经理又卷款潜逃，公司的状况无异于是雪上加霜。

林珊有不少朋友都是做生意的，为了帮丈夫找找门路，看看有没有希望可以帮公司一把，林珊特意邀请了几位平时关系比较亲近的朋友到家里做客。来的几个朋友都知道林珊丈夫公司的情况，因此在帮忙想办法的同时，也尽可能地避免提及自己生意上的事情。

随着饭桌上的推杯换盏，酒入酣处的时候，其中一个朋友却忍不住了，最近他的公司刚接了一笔大单子，正是春风得意的时候，早就想找个机会在熟人面前显摆显摆了。几杯酒下肚之后，这种炫耀的欲望也迅速升腾起来，于是他开始滔滔不绝地讲述自己如何在短短数年里把公司发扬光大，如何巧舌如簧地说服客户拿下订单。

看着他一副得意洋洋的样子，其他人都有些尴尬，几次试图阻止他继续这个话题，却都没有成功。讲到后来，这位朋友越说越高兴，甚至还凑到了林珊身边，滔滔不绝地帮她分析为什么她丈夫的公司会经营失败，到底是哪里做的不好，要如何改善云云。一直到林珊已经忍无可忍，其他朋友才赶紧纷纷起来告辞，把这个喋喋不休的醉鬼拉走了。

后来，在其他朋友的帮助下，林珊丈夫的公司总算度过了难关。而林珊也再没有和那个在她面前得意洋洋炫耀的人有所来往。

每个人都有虚荣心，都希望在春风得意的时候能得到其他人的称赞和崇拜，这是非常正常的。假如林珊丈夫没有陷入困境，遭遇那些烦心事，那么相信不管这个朋友怎么炫耀，也不至于断送掉彼此的友情。可偏偏他却在林珊最失意痛苦的时候，毫不掩饰地炫耀了自己的春风得意，这种行为无异于在对方伤口上撒盐，也难怪最终丧失了彼此之间的友谊。

每个人都有处于人生低谷的时候，在这种时候，人往往是最敏感，也最脆弱的，一点点的刺激都可能让他随时崩溃。在这种时候，如果你还在谈论自己的得意，就会让对方产生一种你故意在刺激他、蔑视他的感觉，进而滋生对你的敌意。所以，为了避免这种状况，在与人交际时，尤其是你的交际对象最近可能并不顺利的时候，一定要懂得避讳，切莫在失意者面前大说得意的话，这是人际交往中最需要注意的禁忌之一。

更何况，在现实生活中，那些真正有才能的人，往往都是不屑于炫耀自己的优秀的，那些真正聪明的人，则都习惯于将低调进行到底。相反，那些越是喜欢炫耀的人，实际上内心就越是缺乏自信，因此他们只能通过不断地吸引别人的关注来满足自己的虚荣心。

求人的话——情感利益双辅助

在社会上混，就难免会有求人的时候，可怎么求，才能让人心甘情愿地帮助你，这是一门很大的学问。

既然是求人，那么首先姿态就得放对，尤其不能表现出任何的强迫性或命令性。要求人，就意味着我们是弱势的一方，是应该放低姿态的一方，如果总是端着架子，那么难免会让对方产生抵触心理，甚至明明可以出手相助，也会因为心里的那点儿不舒服而选择拒绝。

其实，既然已经走到了求人的一步，又何必自欺欺人地端着架子不肯低头呢？故作强硬不会让我们显得更有尊严，反而只会把我们内心的脆弱和无措展现得更加淋漓尽致，可怜巴巴。相反，大大方方，坦坦荡荡，或许还能被赞一句能屈能伸。

姿态放对了，怎么把求人的话说出来也是门学问。首先要看对象，你求的人和你是什么关系，你凭什么去求他，他又凭什么愿意帮助你，这一点得先搞清楚。如果是朋友，那么仰仗的可能主要是交情，如果是合作对象，那么仰仗的显然就是共同利益。定位确定了，就知道怎么求、怎么说了。

公元313年的时候，秦国想要攻打齐国，但碍于齐楚之间的盟约，秦国不敢轻易用兵，于是秦国就派出了张仪去游说楚国，想要破坏齐楚之盟。

从某个方面来说，这其实就像是张仪去求楚怀王给他办事一样。那么，张仪是怎么求的呢？

张仪是这么跟楚怀王说的："我奉了秦王的命令来出使贵国，想要商谈一下我们两国结盟的事情。我们秦国在经历商鞅变法之后，国力变得十分强盛，尤其是军事力量，堪称雄踞天下，民生经济方面发展得也非常不错。楚国要是和我们秦国结盟，那就是强强联合，这天下就是咱们说了算了。只要你答应，和齐国把关系给断了，和我们秦国结盟，我保证，到时候秦国会把商於的六百里地送给楚国。然后咱们两国再联姻，以后咱们就是兄弟了！"

张仪这一番话说得是相当有水平的。首先，他是秦国的使者，这是他的身份定位，这个身份决定了即便他是来求楚怀王办事的，这姿态也不能放得太低，否则有辱国体。然后先说明自己是来干什么的，交代清楚目的。交代完之后就开始说秦国有多好，经济发达，军事实力强大，说这些其实就是一种威慑，让楚国知道，秦国不比齐国差，甚至来说是比齐国更强大的。之后，开始谈利益。秦国和楚国之间，要是能合作，那主要仰仗的，肯定是利益，这个跑不了，所以要先商谈利益，直接摆出来，只要你肯合作，我给你什么，就像谈生意一样，摆出筹码，然后再让你选择。利益谈完了，接着谈感情，联姻，结成兄弟之好，以后就是咱俩联手打天下。

这一通话讲下来，什么条件都具备了，实力秦国有，利益给得多，就连感情方面都照顾到了。种种条件都不容拒绝，所以楚怀王答应了，当然后来也就悲剧了。

可见，这求人是个技术活，想要让别人同意帮你，你就得步步为营地突破对方的心防，提出让人无法拒绝的理由，这样对方才会心甘情愿地向你伸出援助之手。人是一种感情动物，所以求人得谈感情；但同时，逐利也是人的一种本性，所以光有感情还不行，还得拿出利益作为辅助。感情、利益双管齐下，求人的话就得这么说。

反驳的话——晓之以理，更要动之以情

没有人喜欢被反驳，但在沟通的过程中，反驳却又是一个不可避免的过程，尤其是当你试图说服对方接受你的意见，或承认你的观点时，你就不得不反驳他提出的某些想法和意见。在这个过程中，如果你不考虑对方的感受，直截了当就提出反对意见，那么无论你的反驳有没有足够的道理，都会瞬间激起对方的敌意，这样一来，接下去的谈话也就很难进行了。

那么，在避无可避的情况，我们又要如何把反驳的话说得好听一些，尽可能不引起对方的反感呢？其实很简单，先给他一颗甜枣，在情感上取得对方的认同，然后再提出不同的意见，把你的观点潜移默化地推销出去。换言之，想要把反驳的话说得好听，让对方心甘情愿地接受，既要晓之以理，但更要懂得动之以情。

日本松下电器驻法国分公司的前CEO吉田皓野先生就曾分享过他反驳他人意见的窍门，那就是在对方说完自己的观点之后，先说"是的……"，然后再提出"如果……"。利用这样的句式，吉田皓野先生总能把反驳的

话也说得好听，让人接受得甘之如饴。

作为分公司的CEO，吉田皓野先生在公司享有绝对的话语权，但他从来不会利用自己的权力去强迫下属接受他的意见，因为他很清楚，通过强制手段缔造出来的权威是非常不牢靠的，无法获得别人真心的臣服和追随。

有一次，公司设计部推出了一款非常具有代表性的新产品，为了给产品设计一个特殊的标志，吉田皓野先生召集设计部的员工们进行了一场头脑风暴。在正式开会讨论之前，一位员工提出说："我觉得上次用的菱形标志就非常好，不需要再重新设计一个标志了吧。"

这位员工发表完意见之后，吉田皓野并没有立即反驳他，而是笑着说道："确实如此，你说的很有道理，假如继续使用上次的标志，能为新产品的上市节约很多时间，而且还能给公司节省一笔开支呢。"

说到这里，吉田皓野注意到，那位提意见的员工脸上露出了得意的笑容。这时，吉田皓野顿了顿又接着说道："如果我们将那个标志进行一些小小的改动，比如说加上一个卡通公鸡的形象，你认为会不会更好一些呢？法国有高卢雄鸡之称，我想法国人应该会很喜欢这样的标志，而且这个标志还有'新产品将畅销全法国'的喻意。"

这位提意见的员工听了吉田皓野的构想，由衷地赞叹道："是的，如果能这样改动一下的话，那简直堪称完美，非常符合我们新产品的定位和需求！"

吉田皓野先生的反驳非常聪明，在员工提出意见之后，他先表示了赞同，这样就会给对方一种错觉，认为从感情上来说，他们是站在同一阵营的，毕竟他对自己的意见表示了赞同。等到成功消除对方感情上的敌意，让对方降低警惕之后，吉田皓野再说出自己真正的想法和观点，这个时候，因为没有下意识的敌意，对方显然更能以一种平和的心态去听取吉田皓野提出的意见，从而做出公正的回应。

在沟通中反驳别人的时候，如何表达反驳意见是非常重要的，如果你的态度直接又强横，那么不管你的意见多么中肯，你的反驳多么无懈可击，都势必会引起对方的反感，从而激发对方的逆反情绪，让结果变得更加糟糕。但如果你能掌握恰当的方法和技巧，像吉田皓野先生那样，先打消对方对你的敌意和提防，那么你接下来的意见就会更容易被对方所接纳。可见，注意说话的方式，掌握说话的技巧，哪怕是反驳的话也是可以说得好听，让别人心无芥蒂地接受的。

幽默的话——娱人娱己，化解尴尬

幽默是智慧的产物，是人际交往中最好的助推器。与幽默的人交谈是一种精神上的享受，每个人都喜欢和幽默的人在一起，因为他们总能用绝妙的语言让你忍俊不禁。不管是得体的玩笑，还是诙谐的语言，都是让人无法拒绝的魅力。

在人际交往中，幽默所起到的作用是不容小觑的。与不熟悉的人交往，幽默的玩笑能瞬间拉近彼此的距离，化解陌生感带来的尴尬气氛；面对恶意的攻击或嘲讽，幽默的解嘲能帮助你化解尴尬，脱离困境。

幽默是一种风度和素养的体现，能够让人在忍俊不禁中滋生对你的好感。幽默也是一种最实用，也最高端的说话技巧，能够让你在面对紧急情况时做到游刃有余。

餐馆里，一位绅士正在用餐时，突然发现刚端上来的汤里居然有一只苍蝇。这位绅士非常不高兴，抬手招来了侍应生，不高兴地指着汤里的苍蝇讽刺道:"你来看看,这东西到底在我的汤里做什么?"

侍应生一愣,他知道,在这样的情况之下,普通的道歉和解释显然并不能完全消除顾客的怒火,只会换来尖锐的批评和投诉。于是,他灵机一动,弯下腰仔细看了许久之后,故意一本正经地回答道:"先生,我想它是在仰泳!"

听到侍应生幽默的回答,绅士不由得笑了起来,怒气也消散了不少,这才缓和了语气说道:"既然它都已经在游泳了,我又怎么好打扰呢?给我换一份新的汤吧。"

无独有偶,同样是在一家餐馆里,一位刚刚点完菜的顾客满脸不高兴地招来了侍应生,指着自己点的那盘龙虾,愤怒地说道:"请你解释一下,为什么我点的这盘龙虾少了一只虾鳌?"

侍应生一愣,随即急中生智地说道:"真对不起,龙虾是一种非常好斗且残忍的生物,我想您的龙虾在下锅前很可能与其他同类产生了争执,结果被对方咬掉了一只鳌。"

顾客想了想,随即笑了起来,用同样巧妙的回答化解了这场尴尬:"既然如此,那么还请你帮我调换一下吧,我想要那只打架赢了的龙虾。"

餐馆里的两场对话同样都让人忍俊不禁,明明剑拔弩张的气氛,却在幽默诙谐的语言调侃中变得轻松惬意起来。侍应生与顾客都是极具幽默感的人,故而才能在发生矛盾和分歧的时候,用幽默的言语巧妙地化解了矛盾,在没有伤及他人自尊和餐馆名誉的情况下完满解决了问题。可见,幽默不仅能够帮助我们化解尴尬的局面,而且还能缓和人际交往中出现的冲突,在娱人娱己的同时,帮助我们脱离窘境。

幽默是智慧的一种体现,俄罗斯作家赫尔岑就说过:"笑,绝不是一件滑稽的事。"英国大文豪莎士比亚也曾有言:"笑要有智慧,幽默不单是要单纯逗乐,还要排斥庸俗。"可见,幽默是一门高雅的艺术,它不仅能帮助我们创造一个轻松愉悦的交际氛围,还能帮助我们获得更多人的好感与喜爱。幽默感与善良、诚实等品质一样重要。

尴尬的话——灵活变通巧回答

在人际交往中,无论是私底下还是在公共场合,我们都难免会遭遇一些突如其来的尴尬境况。比如对方可能会提问一些涉及到我们隐私的问题,或者提及一些我们不方便也不愿意有所牵扯的话题等等。在这样的情况之下,如果既不愿意直面那些难以回答的问题,又无法做到直接拒绝回答,就很容易会让彼此双方都陷入到尴尬的窘境之中。

哈佛大学的一位教授曾说过:"当遇到危机的时候,情商高的人会让血液进入大脑,能够帮助他们镇静地思考问题;情商低的人则会让血液流向四肢,容易冲动。"可见,相比低情商的人而言,高情商的人的确更能随机应变,懂得用灵活变通的方式摆脱自己的窘境。

富兰克林·罗斯福曾这样说过:"幽默是人际沟通的洗涤剂。幽默能使激化的矛盾变得缓和,从而避免出现令人难堪的场面,化解双方的对立情绪,使问题更好地解决。"而事实上,罗斯福也的确是这样一个幽默而又有急智的人。

1943年的时候,第二次世界大战已经进入尾声,同年11月,中国、英国和美国等三国的政府首脑一同在埃及开罗举行的讨论制定联合对日作战计划和解决远东问题的国际会议。

一天白天,时任美国总统的罗斯福因为有急事想找丘吉尔商量,就急匆匆地冲着丘吉尔住的房间去了。虽然已经是11月，但开罗却依旧是酷热难当，尤其是在白天，气温经常都超过了40摄氏度。为了让自己舒适一些，丘吉尔常常会把自己泡到浴缸里。

罗斯福赶到丘吉尔房间的时候，他正好在泡澡。或许是因为事情真的非常着急，所以当听到浴室传来丘吉尔哼歌的声音时，罗斯福也没多想，抬脚就往浴室去了，并且见到了正躺在浴缸里身上一丝不挂的丘吉尔。

两个大国的元首在这种情形下相见，这其中的尴尬不言而喻。但只稍微愣怔了一下，罗斯福就赶紧开口打破了僵局："是这样的，我有很着急的事情要和你商量。不过这下正好，看来我们终于是可以坦诚相见了啊！"

听了罗斯福诙谐有趣的调侃，丘吉尔也笑了起来，泰然自若地说道："在这样的情形之下，即便我不说，相信总统先生你也能看到，我对你的确是毫无隐瞒的！"

说完，两位大人物相视一笑，尴尬的气氛也变得放松下来。

陷入尴尬的情境中时，想要化解这种尴尬的气氛，可以针对实际情况进行一些灵活的变通，比如利用幽默诙谐的语言进行调侃，让彼此之间的尴尬一笑而过；或者通过层层剥茧的方式去找到造成尴尬的源头，再想方设法地根除；也可以故意扭曲一下对方的某些意思，从而营造出一种荒谬又松快的气氛。罗斯福在撞破丘吉尔泡澡的尴尬境况时，所运用的就是第一种方式，灵活变通地对当下的情形进行了一番诙谐幽默的调侃，并顺势将话题引到关键的地方，为正式的商谈做好铺垫。

在生活中，当我们不慎发生一些冲撞、矛盾或尴尬的时候，先不要着急，灵活应变才是最重要的。其实，在这种情况下，只要想办法转移尴尬的话题，或者偏离造成尴尬的正面问题，就能暂且脱离尴尬的困境，维持和谐的人际关系。

玩笑的话——为的是让人开心而不是生气

在人际交往中，适当地开个玩笑可以让彼此之间的关系更加亲密，但既然是玩笑，那么就意味着这个玩笑应该是能让双方都笑出来的，如果只有一方觉得好笑，另一方却感到尴尬或是愤怒，那么玩笑也就不能称之为玩笑了。

开玩笑最重要的是得把握好一个"度"，适度的玩笑往往能为彼此的交流带来意想不到的好效果，但过分的玩笑却可能让一段原本友好的关系急转直下，甚至让对方因你而心生怨怼。玩笑是生活充满乐趣的一种点缀，但开玩笑也是要分时间、地点、场合的，只顾着自己开心，却全然不体谅对方心情的玩笑，最终只会成为朋友之间的隔阂。

张林和常笑是同一间公司的同事，也是一起合租的室友，两人关系非常好。

一次，在参加公司组织的露营活动时，大家围坐在一块边吃边聊，气氛非常好。张林突然笑嘻嘻地说道："嘿，你们知道吗？常笑有个秘密，你们肯定猜不到！"

张林平时就是个特别喜欢开玩笑的人，在这种热闹的场合自然就更活跃了。听了他这话，大家都好奇地打量着常笑，实在不知道他能藏着什么秘密。常笑自己也觉得很奇怪，莫名其妙地看着张林说道："什么秘密？我怎么不知道我有秘密啊？"

吊足了胃口之后，张林这才神秘兮兮地笑道："你以为我没发现啊——你腋下有狐臭，一出汗简直能熏死人！"

听到这话，常笑不由得脸色一变："胡说什么呢！我哪里有狐臭？"

张林却没察觉到常笑的不高兴，继续笑嘻嘻地说道："得了吧，别以为你老喷古龙水就能盖住味儿。别人不清楚，咱俩一块住我还能不知道？你呀，简直堪称生化武器！"

话音刚落，大家都哈哈大笑起来，还有几个同事调笑地冲着常笑喊"生化笑"之类的绰号。直到大伙发现常笑抿着嘴不说话、满脸铁青的神色，这才纷纷闭上了嘴巴，赶紧转移话题。

最后，碍于是在公共场合，常笑并没有当众翻脸，但露营结束之后没多久，常笑就从合租房里搬走了，只留下张林一个人为自己之前那个过分的玩笑后悔不已。

开玩笑的目的是为了让人开心，而不是惹人生气的。张林的玩笑显然伤害到了常笑的自尊心，让常笑觉得自己受到了侮辱和嘲笑，结果，这段珍贵的友谊也就此画上了句点。真是令人无限唏嘘啊！

在开玩笑的时候，一定要注意几个关键点，以免不小心踩过界，把玩笑开成了讥讽或嘲笑。

1. 玩笑应该是善意的

开玩笑是为了增进彼此的感情，而不是给对方找难堪，所以玩笑的初衷应该是充满善意的，如果你以开玩笑为借口，却借机对他人冷嘲热讽，那么必然会招致他人的反感，甚至得罪于人。我们开玩笑，主要就是为了活跃气氛，所以，如果玩笑说出来之后不能让人感到轻松，反而让气氛陷入尴尬，那么这个玩笑显然就是失败的。

2. 玩笑的内容应该高雅而轻松

能让人会心一笑的玩笑，其内容必然是健康积极、格调高雅的。而那种低级下流的玩笑，往往只会拉低档次，让人心生反感。所以，开玩笑的时候，一定要注意内容的选择，有修养的人即便是开玩笑，也该懂得控制好分寸，避免触及对方的"雷区"。

3. 别在对方情绪不好时开玩笑

开玩笑一定要看对象，不同的人对玩笑的接受程度也是有所不同的，比如性格外向的人，往往就能接受尺度比较大的玩笑，而性格内向的人则比较敏感，过分的玩笑很可能会让对方感到不舒服。此外，玩笑对方当下的情绪状态也是非常重要的，如果正巧碰上对方情绪不佳的时候，那么就赶紧打住，千万别在对方情绪不好的时候开玩笑。

4. 把握彼此的亲疏关系

玩笑的尺度通常和交情的深浅是成正比的。越是熟识的人之间，能够接受的玩笑尺度自然就越大，而如果彼此之间的关系还比较浅，那么最好还是用中规中矩的方式交流比较好，毕竟一旦玩笑尺度把握不好，对双方未来的交际也是会产生不良影响的。

拒绝的话——谢绝永远比回绝更礼貌

一位教授曾感叹："央求人固然是一件难事，而当别人央求你，你又不得不拒绝的时候，亦是叫人头痛万分的。原因是每一个人都有自尊心，都想得到别人的重视，同时我们也不想要别人不愉快，所以也就难以说出拒绝别人的话了。"

拒绝是一件需要勇气的事情，因为我们每一个人都深知被人拒绝的痛苦和失望。但在生活中，拒绝却也是我们必须学会的一门课程，只要是和人打交道，就免不了会需要拒绝一些事情。毕竟我们不可能去迁就所有人，满足所有人的愿望。

一位美国女士非常欣赏钱钟书先生的作品《围城》，并通过各种渠道联系上了钱钟书先生本人，表示希望能和他见上一面。

钱先生是个淡泊名利的人，在听了这位女士的诉求之后，笑着在电话里拒绝了她，钱先生说："假如你吃了一个鸡蛋，觉得味道非常不错，又何必非得去见下了那颗鸡蛋的母鸡呢！"

虽然是拒绝，但钱钟书先生却将他的幽默与智慧发挥到了极致，用一种生动而形象的比喻，委婉又诙谐地谢绝了这位女士提出的诉求，既没有直接伤害或冒犯到这位女士，又避免了许多不必要的麻烦。而面对这样有趣的拒绝，想必这位女士心中也不至于太过难受，虽然见不到自己心心念念的偶像的确是一种遗憾。

在生活中，我们总会不可避免地要和许多人打交道，这其中包括自愿的，也包括不自愿的。而在与人打交道的过程中，我们每天都会面对许多来自他人的不同诉求，这些诉求有我们乐于接受的，但也有让我们感到为难的。乐于接受的不必说，自然愿意去完成，而碰到让我们感到为难的，即便再不好意思，恐怕也只能硬着头皮去拒绝了。

虽然同样是拒绝，但不同的表达方式带给别人的感受却是千差万别的。通常来说，直接的回绝是最伤人的拒绝方式，不仅损害对方的面子，同时也会伤害对方的感情。如果你不希望自己的拒绝让对方感到太过痛苦或反感，那么不妨试着用一种委婉的方式，巧妙地传达拒绝，不管怎么说，委婉的谢绝永远比直接的回绝要更礼貌。

在一次采访中，记者问基辛格说："美国究竟有多少潜艇和民兵在配置分导式多弹头？"

这个问题很难回答，因为它可能设置到一些需要保密的东西。但如果直接说"不知道"，那很显然是没有诚意的。可若是回答"无可奉告"，那么记者肯定还得穷追不舍。这可怎么办呢？

当然，这个问题并没有难倒基辛格，他从容不迫地笑着回答道："虽然我的确知道这个问题的答案，但我不知道这是不是应该保密的？"

记者们一听，想着可能有戏，于是赶紧兴高采烈地叫嚷着："不是保密的，绝对不是保密的，可以回答！"

听到记者这么说，基辛格笑了起来，反问道："既然不是保密的，那么不如你们来说说，到底是多少呢？"

巧妙的反问成功堵住了记者们的追问，并委婉地避开了与记者的直接冲突和对抗，简直堪称完美拒绝的典范之一。

拒绝这件事从来都不会是愉快的，但我们完全可以运用一些技巧和方法，把拒绝的伤害降至最低，在断绝别人念头的同时，尽可能不要引起对方的过分反感。而通常来说，比起直截了当的回绝，委婉的谢绝显然要更礼貌得多。但需要注意的是，即便是用委婉的方式谢绝别人的请求，态度上也是必须坚决果断的，拖泥带水只会让事情越来越糟。

赞扬的话——恰到好处，还要适可而止

人人都喜欢听赞扬的话，但这并不意味着所有的赞扬都能打动人心。赞扬不等于溜须拍马，只有发自内心的赞扬，才能真正打动人心，让对方意识到你对他发自内心的欣赏和崇拜。而那些抱有功利性目的的恭维，反

而只会让人觉得虚伪和讽刺，甚至引起别人的反感。

为了下半年的签单，业务员小王在朋友的介绍下去拜访了一位厂长，一开始两人勉强算是相谈甚欢，但毕竟才刚接触，要想马上建立起什么交情也不现实。为了让气氛变得热络一些，小王便打算恭维厂长几句，于是就对他说道："王厂长，虽然今天我们才刚认识，但从刚才短暂的交谈中，我就发现，您真的是一位很有智慧的人，要是有机会跟在您身边学习，哪怕不要钱我都肯干啊！"

本来这话也就是这么随口一说，只要对方听得高兴就行了。可没想到的是，小王话一说完，这王厂长马上拍着大腿笑道："是吗？可以的啊，小王，我现在正缺一个助理呢，你回去马上辞职，明天就能来我这里上班。虽然你不要工资，但放心，包吃包住是绝对没问题的！"

听到这话，小王顿时傻了，根本不知道要怎么接下去，只好尴尬地抓抓头，勉强笑了几声。原本就不甚热络的气氛更是降至冰点。

赞扬的话要是过了头，那就显出虚伪来了。作为一个在商场摸爬滚打多年的"老油条"，王厂长又怎么会听不出小王对他的恭维里究竟有几分真心呢？而从王厂长丝毫不给面子的表现来看，很显然小王虚伪的恭维不仅没能取悦他，反而引起了他的反感，所以才会以这样的方式让这场谈话走向落幕。

赞美是个技术活儿，要想真正打动人心，你的赞美必须恰到好处，真诚得体，还得找准赞美的点，才能真正把话说到对方心里，让对方感到由衷的高兴。

著名作家毕淑敏就讲过这么一个故事：

一位女士出国做学术访问，周末的时候受邀去了当地一位教授家做客。

教授有个五岁的女儿，满头金发，长得十分漂亮。女士一见到小姑娘就特别喜欢，蹲下身子和她说话，并送了她一件从中国带来的礼物。小姑娘非常开心，礼貌地微笑着向女士道谢，女士情不自禁地摸了摸小姑娘的头，并赞叹道："你长得真是漂亮极了，大家一定都非常喜欢你吧！"

等小姑娘离开之后，那位教授突然严肃地对女士说："你刚才伤害了我的女儿，我希望你能向她道歉。"

听到这话，女士感到非常莫名其妙，她不仅送了小姑娘礼物，还真诚地赞美了她，怎么就成了伤害了？

见女士似乎不明白，教授解释道："你刚才夸奖我女儿漂亮，还说大家会因此而喜欢她，这是非常不对的。她是否漂亮并非是她自己的功劳，可你的夸赞和恭维会让她以为，漂亮是她的优势，甚至可能会让她开始瞧不起那些长得不漂亮的孩子。而且，你在没有经过她允许的情况下擅自摸了她的头，这会让她以为，每一个陌生人都可以不经过同意就擅自触碰她，这是一种不良引导。"

教授一条条的分析让女士深感震惊，她可从没想过，一句赞美可以引出这么多的问题来。教授顿了顿又接着说道："其实，你可以夸奖她的微笑和礼貌，这确实是她自己通过努力得来的。"

对于这位女士来说，摸摸孩子的头，夸奖她长得漂亮可爱，或许只是一种简单的交际手段，或者说是一种约定俗成的礼貌，但对于教授来说则不然，他更关注的，是夸奖和赞美背后可能对孩子成长所造成的影响。因此，比起不负责任的随口赞美而言，教授更希望得到的，是别人对女儿发自内心的肯定和夸奖。

所以说，赞扬一定得把握好火候，火候不够难以打动人心，火候太过则又显得虚伪做作。恰到好处，适可而止，这样的赞美才能真正打动人心。